"十三五"国家重点图书

高新纺织材料研究与应用丛书

# 聚酰亚胺高性能纤维

张清华、赵　昕、董　杰、王士华　著

U0286354

中国纺织出版社有限公司　国家一级出版社
全国百佳图书出版单位

# 内 容 提 要

聚酰亚胺纤维作为高性能纤维的一个重要品种，其特殊的分子结构使其具有优越的力学性能、耐热性、耐候性、尺寸稳定性等特性。聚酰亚胺的化学结构丰富，纤维制备过程复杂，为方便读者理解相关理论和实践，本书从聚合物的合成、前驱体的环化反应、纤维的湿法及干法纺丝成型、可溶性聚酰亚胺的合成及纤维的制备、纤维的结构性能关系等方面介绍纤维的制备方法，此外，对聚酰亚胺纳米纤维、中空纤维膜、杂化改性以及纤维的应用和发展等内容也分别进行了概述。

本书适合材料、高分子等专业高校师生、科研人员及企业技术人员参考、阅读。

## 图书在版编目（CIP）数据

聚酰亚胺高性能纤维 / 张清华等著. -- 北京：中国纺织出版社有限公司，2019.9

（高新纺织材料研究与应用丛书）

"十三五"国家重点图书

ISBN 978-7-5180-6257-7

Ⅰ.①聚… Ⅱ.①张… Ⅲ.①聚酰亚胺纤维—研究 Ⅳ.① TQ342

中国版本图书馆 CIP 数据核字（2019）第 101234 号

---

责任编辑：符 芬　　特约编辑：陈怡晓　郭 妍
责任校对：王花妮　　责任印制：何 建

---

中国纺织出版社有限公司出版发行
地址：北京市朝阳区百子湾东里A407号楼　邮政编码：100124
销售电话：010—67004422　传真：010—87155801
http://www.c-textilep.com
E-mail: faxing@c-textilep.com
中国纺织出版社天猫旗舰店
官方微博 http://weibo.com/2119887771
北京玺诚印务有限公司印刷　各地新华书店经销
2019年9月第1版第1次印刷
开本：710×1000　1/16　印张：13　插页：2
字数：165千字　定价：128.00元

---

# 推荐序一

　　《中国制造2025》提出的五大工程和十大领域中均涉及新材料，并明确将高性能结构材料、功能性高分子材料、先进复合材料、高性能纤维作为发展重点，纳米技术、生物基纤维等被纳入战略前沿材料；随着《纺织工业发展规划（2016～2020年）》和《纺织工业"十三五"科技进步纲要》发布，提出高性能纤维、生物基纤维整体技术达到国际先进水平的发展目标，并详细规划化纤材料工程及发展重点。

　　中国纺织出版社紧跟时代发展潮流，紧扣行业发展需求，组织行业相关领域权威作者著写出版《先进材料与关键技术丛书》，内容涵盖纺织新材料发展的重点领域，大多是国家科技奖获奖项目，其中《聚酰亚胺高性能纤维》是科技部高性能纤维关键技术重大专项成果结晶。

　　作为典型的传统行业，纺织行业急需转型升级，《先进材料与关键技术丛书》的出版是察行业之所需，诉行业之所求。

　　特此推荐！

中国工程院院士　孙晋良

2018.07.13

# 推荐序二

　　中国纺织出版社历来具有紧密追踪纺织科研与生产成果的传统，这次又适时推出了《先进材料与关键技术丛书》，《聚酰亚胺高性能纤维》是其中一本。书稿为原创内容，均由本方面专家权威根据自身科研结果集成。

　　我有幸应邀对此丛书提供推荐意见，姑且谈谈自己的一些想法。我对中国纺织工业及教育的未来是非常乐观的。原因很简单，在所有工业产品中，只有食物和衣着是人类生存须臾不可缺少的。任何一个国家，若食物和衣着依赖他人，则事关国家安全问题，何况是中国如此大国。而工业化大规模生产需要训练有素的专业人员；同时，日益成熟的消费者不断提出新产品、新功能、新要求。这一切都是以发达的纺织教育及科研能力为前提的，因此，纺织工业及教育虽然在其他某些国家式微，但在中国仍将继续蓬勃发展。

　　纺织科学与工程是研究如何将纤维原材料加工成产品，故材料和加工是我们的两大基本学科领域，而最能显示纺织特点的是纺织材料科学。但必须清楚认识到，由于先后受欧美及苏联传统的影响，纺织材料学从一开始就与一般材料学相脱离。无论在学术指导思想和课程内容甚至专业术语上都形成了自己独立的系统而孤立于材料学主体之外。另外，不像其他工程学科，纺织工程基本没有自己成熟且系统的专业基础课，且近年来数理化基础课又被严重削弱。所产生的严重后果之一是所培养人才基本训练较弱，关键知识不深，思路较窄，对新知识新理论不敏感，开创性及与其他行业合作中竞争力不足。而最近的新现象是本学科逐渐丢弃纺织特点，有沦为低档材料学科的危险。

　　改变此种颓势需各方努力。但基于原创科研成就的高水平科技书籍无疑是其中重要一环。希望大家合力把这项事关领域发展的重要举措坚持下去！

英国皇家纺织学会院士、美国机械工程师学会院士　潘宁

2018.07.03

# 前　言

对于纤维工业领域而言，聚酰亚胺纤维算是"新"纤维，但作为合成树脂，聚酰亚胺属"老"材料。早在100年前，聚酰亚胺就已出现，由于分子结构的特殊性，使其在诸如耐辐照、绝缘性、抗环境老化、力学性能等方面表现出色，这些特点使聚酰亚胺树脂在航空航天、微电子等领域发挥了重要作用。聚酰亚胺的另一重要形态——"黄金薄膜"，促进了电子和信息产业的快速发展，时至今日，高端的聚酰亚胺薄膜生产技术仍然控制在几个发达国家手里。20世纪60～70年代，美国、苏联、印度、中国等就尝试制备聚酰亚胺纤维，90年代进入研究的高峰期，日本、美国、俄罗斯相继报道了高强高模聚酰亚胺纤维的研究成果，但真正意义的聚酰亚胺纤维一直没有得到规模化生产。其间，奥地利和法国通过共聚改性手段实现了共聚型聚酰亚胺纤维规模化生产，但其性能与真正的聚酰亚胺性能尚有一定差距。

选择聚酰亚胺纤维作为自己的研究方向还是在1999年春天，当时我刚刚获得博士学位，留校从事教学科研工作，优选一种"好"纤维作为自己长期的努力目标显得尤为重要。当时信息不够发达，听说过的纤维基本都已实现了工业化或者被前辈学者们"专攻"着，一种性能优越且制备过程具有一定难度的新型纤维是我的必然之选。泡在图书馆几个月后，对新型聚合物及纤维有所了解，包括生物可降解聚合物、高性能聚合物及纤维等，而聚酰亚胺是高性能聚合物的典型代表。其间，结识了中国科学院长春应用化学研究所丁孟贤先生，听说我想做聚酰亚胺纤维，他非常兴奋，签赠他的新作《聚酰亚胺新型材料》（1998版），之后我们建立了长期的合作关系。这一机缘巧合注定使我一头钻进聚酰亚胺领域，并在聚酰亚胺纤维研究方向"一根筋"地坚持至今。最开始，我主要从事聚酰亚胺的合成、结构调控与纤维制备等基础研究，主要依靠国家自然科学基金和地方人才计划的支持，在此期间因关键科学和工程问题迟迟未能解决，差点放弃了这个方向。好在"功夫不负有心人"，在基本问题攻克后于2009年与企业合作进行中试研究，工程化中遇到了各种各样的难题，好在10年的基础研究让我摸清了聚酰亚胺的"臭脾气"，所遇问题相继攻破，并建立了千吨级的规模化生产能力。与通用纤维相比，千吨级虽是"小儿科"，但因其很好的创新性和完全的自主知识产权，使得"干法纺聚酰亚胺纤维制备关键技术及产业化"项目获得了2016年国家科技进步奖二等奖。

受邀编写此书对我而言是一个挑战，从教工作十多年，发表了百篇论文，修改了几十本硕士、博士论文，但要形成系统的基础理论和知识体系，同时要体现学术性、工程性和可读性，确实不易。为此，重新翻阅课题组几十本硕士和博士学位论文，梳理了几十年来的研究工作，提取出系统性的理论知识，以体现学术性；调阅了工程化和纤维应用的相关资料，同时查阅了同行发表的相关论文，多次易稿，一直持续到现在才基本完成。

全书贯穿了聚合物的合成、纤维制备、纤维改性及应用等一系列内容，共分10个章节，包括概述聚酰亚胺纤维研究发展史（第1章）、聚合物的合成及环化反应（第2章）、纤维的湿法成形及微结构调控（第3章）、干法成形及其动力学（第4章）、可溶性聚酰亚胺的合成及纤维制备（第5章）、纤维结构与性能相互关系（第6章）、聚酰亚胺纳米纤维（第7章）、中空纤维膜（第8章）、聚酰亚胺／纳米材料杂化纤维（第9章）以及纤维的应用与发展（第10章）。

非常感谢国家自然科学基金委、科技部、国家发展改革委、上海市教委、上海市科委、江苏省科技厅、中国纺织工业联合会、中国化学纤维工业协会等各部门的大力支持，促使我攻克了基础科学问题及工程化关键技术乃至实现产业化，并形成了一系列成果和系统的知识体系。在书稿整理过程中，得到课题组很多同学的细致帮助，也得到了纤维材料改性国家重点实验室的大力支持，在此一并表示感谢。

由于水平所限，书中存在疏漏之处在所难免，欢迎广大专家、读者批评指正。

张清华于东华大学

张清华

2019年1月

# 目　录

# 第1章　概述

## 1.1　高性能纤维概况

### 1.1.1　高性能纤维的发展历程

几千年前，人类就已经会利用天然材料来改进生活、抵御外侵，比如，把牛皮裁剪成带子用作弓箭的弦，以提供足够的张力和弹性，或许这可以称为"高性能带子"。工业革命以来，随着科技的快速发展，尤其是近百年来，人造材料逐步进入人们的视野，高性能纤维也应运而生。

高性能纤维，重点在于"高性能"，即具有特殊的物理化学结构、性能和用途，或具有特殊功能的化学纤维。高性能纤维早期定义的依据是力学性能，往往指断裂强度超过 15 cN/dtex 的纤维[1]，如碳纤维、对位芳纶、超高分子量聚乙烯纤维（UHMWPE 纤维）等，但该定义在实际生产和应用中有一定的局限性。近年来，高性能纤维被赋予更广泛的含义，如具有耐高温、耐辐照、耐腐蚀等特性的纤维，也可称为高性能纤维，如间位芳纶、聚四氟乙烯纤维、聚苯硫醚纤维等，这些产品主要体现了耐热性和阻燃性优异。

早在 1860 年，英国科学家 Sir Joseph Wilson Swan（1828—1914 年）发明了一盏以碳纸条为发光体的半真空碳丝电灯，也就是白炽灯的原型。1879 年，爱迪生发明了以碳纤维为发光体的白炽灯。他将椴树内皮、黄麻、马尼拉麻或大麻等富含天然线性聚合物的材料定型成所需的尺寸和形状，并在高温下对其进行烘烤。受热时，这些由连续葡萄糖单元构成的纤维素纤维被碳化成了碳纤维。1892 年，爱迪生发明的"白炽灯泡碳纤维长丝灯丝制造技术"获得了美国专利（USP470925）[2-3]。可见，早期的碳纤维只能称为"功能性"纤维，即利用了碳纤维的导电、导热及耐高温特性，而非目前普遍认可的高强度、高模量等优越的力学性能。现代工业意义上的碳纤维是 1959 年联合碳化公司以黏胶纤维（Viscose fiber）为原丝制成商品名为"Hyfil Thornel"的纤维素基碳纤维。1961 年日本产业技术综合研究院（Government Industrial

Research Institute）的进藤昭男（Akio Shindo），在实验室中制得了模量高达140 GPa 的聚丙烯腈基碳纤维，高出黏胶基碳纤维模量的 3 倍，之后，东丽公司与美国联合碳化物公司签署了技术合作协议，进行规模化生产。20 世纪80 ~ 90 年代，在民用航空、体育用品为中心的市场引领下，碳纤维顺利扩大了应用市场，并得以快速发展。我国从 20 世纪 60 年代开始研发聚丙烯腈基碳纤维，从事碳纤维研发的机构主要有东华大学、中科院山西煤化所、北京化工大学、长春应用化学研究所、中科院化学研究所等。

有机高性能纤维快速发展于 20 世纪中期，随着有机合成化学和纤维成形技术的发展，科学家可以通过分子结构设计，合成出分子链刚性或半刚性的聚合物，具有高强度、高模量、耐高温的特性，为高性能纤维的纺制提供了原材料。20 世纪 60 年代末，美国杜邦公司发现了芳香族聚酰胺的溶致性液晶现象，于 1972 年实现聚对苯二甲酰对苯二胺（PPTA）纤维工业化生产，商品名称为 Kevlar。2000 年，日本帝人公司收购了荷兰 Twaron 并进行了多次大规模扩能。同一时期，为满足美国空军对耐高温聚合物材料的要求，美国 SRI（Stanford Research International）材料实验室设计并合成出多种高性能聚合物，主要包括聚苯并噁唑（PBO）、聚苯并噻唑（PBT）、聚苯并咪唑（PBI）等。PBI 率先于 1961 年应用于高性能纤维制备，该纤维具有优良阻燃性能，极限氧指数（LOI）达到 40，但其力学性能不高；与此不同的是，PBO 纤维却展示了优越的力学性能和耐热稳定性。最先投入 PBO 纤维研发的企业是陶氏化学公司（Dow），但 Dow 并没有成功地将 PBO 纤维产业化，而是由日本东洋纺于 20 世纪 90 年代初进行商业化生产，商品名为 Zylon。

### 1.1.2 高性能纤维的分类

高性能纤维可根据材料的属性进行分类，包括金属纤维、无机纤维和有机纤维。金属纤维因其密度高、比强度低特点，在高性能纤维家族中的比重相对较小。无机纤维的主要特点是耐高温、耐腐蚀、力学性能良好，在航空航天、武器装备等领域应用广泛，包括碳纤维、玻璃纤维、碳化硅纤维、氮化硼纤维、硅硼氮纤维、氧化铝纤维、玄武岩纤维等。有机高性能纤维品种较多，根据大分子链的特性可分为柔性链纤维和刚性链纤维：柔性链有机纤维的典型代表是超高分子量聚乙烯纤维、高强聚乙烯醇纤维等，其大分子主链由—$CH_2$—组成，因分子链的高度取向使纤维展现优越的力学性能。刚性链纤维包括芳香族聚酰胺纤维（即芳纶）、聚芳酯纤维、聚酰亚胺纤维（PI 纤维）、PBO 纤维、PBI 纤维等，其中后三种纤维又称为芳杂环类纤维。

也可依据纤维的典型特性对有机高性能纤维进行分类，如高强高模纤维（包括对位芳纶、高强聚酰亚胺纤维、PBO 纤维、超高分子量聚乙烯纤维等）、耐高温纤维（间位芳纶、PBI 纤维、聚醚酰亚胺纤维等），等等。

### 1.1.3　高性能纤维的特点

较高的力学性能和环境稳定性是高性能纤维的典型特性，每种纤维都有其不可替代的优点，比如，无机纤维具有高的耐热性，有机纤维则具有较低的密度。表 1-1 列举了部分高性能纤维的物理特性（力学性能和耐热性数据），这些数据来自产品的宣传信息或研究报告等不同的途径，且各家的产品有较大差别，因此仅供参考。

表 1-1　部分高性能纤维的物理特性

| 纤维名称 | 断裂强度（GPa） | 初始模量（GPa） | 断裂延伸率（%） | 密度（g/cm³） | 软化温度（℃） | 初始分解温度（℃） | LOI（%） |
|---|---|---|---|---|---|---|---|
| E-玻璃纤维 | 3.45 | 72 | | 2.54 | 1316 | — | — |
| 玄武岩纤维 | 3.0 ~ 4.8 | 79 ~ 100 | 3.2 | ~2.8 | 960 | — | — |
| 碳纤维 T300 | 3.50 | 230 | 1.5 | 1.76 | — | — | — |
| 碳纤维 T700 | 4.90 | 230 | 2.1 | 1.80 | — | — | — |
| 铝纤维 | 0.6 | 71 | | 2.68 | 660 | — | — |
| 钢纤维 | 2.8 | 200 | | 7.81 | 1621 | — | — |
| 对位芳纶 | 2.9 | 124 | 2.8 | 1.4 | — | 550 | 29 |
| PBO 纤维 | 5.8 | 280 | 2.5 | 1.5 | — | 650 | 68 |
| UHMWPE 纤维 | 3.0 | 95 | 3.7 | 0.98 | — | 150（熔融） | < 28 |
| 聚芳酯纤维 | 3.2 | 75 | 3.0 | | — | 350 | > 30 |
| 耐热型 PI 纤维（PI-1） | ~0.7 | 30 | 15 | 1.44 | — | 576 | 38 |
| 高强型 PI 纤维（PI-2） | ~3.0 | 100 ~ 120 | 2.2 | 1.44 | — | 550 | 36 |
| 超高强 PI 纤维（PI-3） | ~4.0 | > 120 | 2.5 | 1.44 | — | 550 | 36 |

　　与传统的金属和无机陶瓷材料相比，由高性能纤维增强的聚合物基复合材料具有高比强、高比刚、可设计性强以及密度低等优点，现已在航空航天、国防军事、风力发电、建筑、环境、汽车等诸多领域得到广泛应用。作为轻质复合材料的重要组成部分，增强体的比强度和比模量指标在某些领域（如航空航天等）显得尤为重要。图 1-1 给出了几种典型高性能纤维的比强度和比模量对比情况，可见，有机纤维以其低密度体现出明显的优势。表 1-1 中的聚酰亚胺纤维的力学性能因其化学结构和加工方法的不同而具有较大差别，PI-1，PI-2，PI-3 分别对应于表 1-1 中的数据。

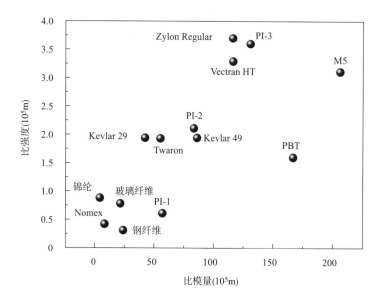

图 1-1　几种典型高性能纤维的性能对比

## 1.2　聚酰亚胺纤维的研究概况

　　聚酰亚胺是一类以酰亚胺环为结构特征的高性能聚合物材料，其刚性分子链结构使其具有优越的力学性能，同时还是一种耐高温聚合物，通常在 550℃下能短期保持主要的物理性能，在接近 330℃下能长期使用。聚酰亚胺树脂的工业化已经有四十余年的历史，作为工程塑料和复合材料的基体在高技术领域发挥了重要作用。作为绝缘材料，聚酰亚胺薄膜在电子电器领域得到了广泛应用，如美国杜邦公司的 Kapton 薄膜和日本宇部兴产的 Upilex 薄膜。在聚酰亚胺薄膜和树脂不断涌现的同时，针对不同结构的聚酰亚胺纤维的研究也随之展开，表 1-2 为聚酰亚胺纤维的发展阶段。

表 1-2　聚酰亚胺纤维的发展阶段

| 年代 | 纺丝概况 | 代表性指标 | | 主要研制国 |
| --- | --- | --- | --- | --- |
| | | 强度（GPa） | 模量（GPa） | |
| 20 世纪 60～70 年代 | 用干法或干湿法，将聚酰胺酸纺制成纤维，再经酰亚胺化制备聚酰亚胺纤维 | 0.8 | 9.5 | 中国<br>美国<br>日本 |
| 20 世纪 80 年代 | 用干湿法，将聚酰亚胺直接纺制成纤维，聚合物分子带有侧链，以便改善其可溶性 | 3.2 | 174 | 美国<br>日本<br>苏联 |
| 20 世纪 90 年代 | 用湿法，将聚酰胺酸纺制成纤维，再经酰亚胺化制备聚酰亚胺纤维，聚合物分子中带有嘧啶单元，从而提高纤维的力学性能 | 1.5<br>5.1 | 340<br>285 | 俄罗斯 |

有关聚酰亚胺纤维的报道最早见于 1965 年[4]，是以均苯四甲酸酐（PMDA）和 4,4'- 二氨基二苯甲烷（MDA）在 $N,N$- 二甲基甲酰胺（DMF）中合成聚酰胺酸，然后以水为凝固浴在室温下湿纺得到聚酰胺酸纤维，初生丝在凝固浴中被拉伸 2 倍，干燥后得到的聚酰胺酸纤维力学性能较差，断裂强度为 0.97 cN/dtex（1.1 g/d），初始模量为 38.8 cN/dtex（44 g/d），断裂延伸率为 6.5%。随后 DuPont 公司采用上述湿法纺丝方法纺制了聚酰亚胺纤维[5]，其力学性能有明显提高，断裂强度为 6.1 cN/dtex（6.9 g/d），初始模量为 63.5 cN/dtex（72 g/d），断裂延伸率为 13%，而且在高温下的机械性能优良，280℃下经过 200 h 后强度仅下降 35%，并且依然具有非常优良的化学稳定性。印度学者 Goel 等也曾尝试采用湿法纺丝且仅限化学酰亚胺化制得聚酰亚胺纤维[6-7]，他们采用 PMDA 和 MDA 在 DMF 中合成聚酰胺酸，然后以水和 DMF 的混合溶剂为凝固浴纺制得到聚酰胺酸纤维，初生丝在经过水洗后用 1 : 1 的乙酸酐和吡啶进行化学环化，之后在 300℃的条件下进行拉伸，得到的聚酰亚胺纤维的力学性能最高只能达到 530 MPa，分析原因可能是湿纺得到的纤维中存在大量孔洞，即使纤维在热拉伸后孔洞仍不能完全消除。

以上这些均是以聚酰胺酸溶液为纺丝浆液，先纺制聚酰胺酸纤维，再进行酰亚胺化（环化）反应得到聚酰亚胺纤维，称作"两步法"（two-step）。随着合成技术的进步，通过分子结构设计和溶剂体系的研究，可溶性聚酰亚胺能够合成出来，为直接纺制聚酰亚胺纤维提供了方便，称作"一步法"（one-step）。日本宇部公司在 20 世纪 80 年代在一步法制备高强高模型聚酰亚胺纤维的研究方面取得了较大进展，最初由 Makino 等[8]用 3,3',4,4'-联苯四甲酸二酐（BPDA）/十八胺在二甲基乙酰胺（DMAc）中合成聚酰胺酸，并采用化学环化的方法得到聚酰亚胺粉末，之后将其溶解在对氯苯酚和邻苯酚的混合溶剂中形成均相溶液，以甲醇作为凝固浴在低温下湿纺得到聚酰亚胺纤维，高温下牵伸 3 倍其强度达到 1.9 GPa。在发现聚酰亚胺粉末能溶解于对氯苯酚后，他们即采用对氯苯酚为溶剂在 175℃的高温下直接一步合成得到均相的共聚聚酰亚胺溶液，并以乙醇为凝固浴湿纺，得到的初生丝强度较低，但在 300~500℃以近 10 倍的拉伸比拉伸后得到的纤维强度能够达到 4.0 GPa，初始模量能够达到 155 GPa，其高温热稳定性要优于芳香族聚酰胺纤维[9-10]。

随后，美国阿克隆大学的 Cheng 等[11-13]报导了以间甲酚为溶剂，以 BPDA 和 2,2'-二（三氟甲基）-4,4'-联苯二胺（PFMB）为单体合成了聚酰亚胺溶液，并将浓度为 12% ~ 15% 的聚酰亚胺溶液进行干喷湿法纺丝，凝固浴为水和甲醇的混合物，得到的纤维在 380℃以上的温度下拉伸近 10 倍，强度达到 3.2 GPa，初始模量超过 130 GPa。纤维的耐热性能良好，400℃处理 3 h，模量损失仅为 7%。用同样的方法，以对氯苯酚为溶剂纺制的 BPDA—DMB（DMB 为 2,2'-二甲基—4,4'-联苯二胺）纤维力学性能比 BPDA—PFMB 稍高，热重损失 5% 时的温度为 530℃。

俄罗斯学者 Sukhanova 等人[14]在制备含杂环结构聚酰亚胺纤维方面也做了大量的工作，其中影响较大的当属他们成功开发出一系列含嘧啶单元结构的高强高模型聚酰亚胺纤维，化学结构如图 1-2 所示。当 PDA 和 PRM 比例为 5：5 时，其强度和模量分别达 3.0 GPa 和 130 GPa。俄罗斯学者还报道称研制的含有嘧啶结构单元的聚酰亚胺纤维强度达到 5.8 GPa，模量为 285 GPa，是目

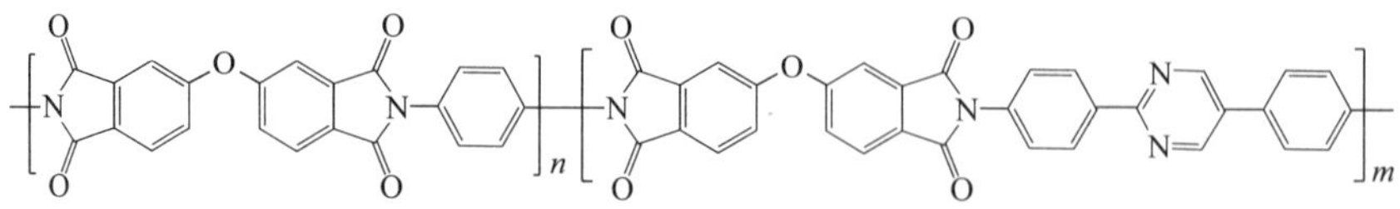

图 1-2　含嘧啶单元的聚酰亚胺结构

前聚酰亚胺纤维中力学性能最高的，但一直没有商业化产品投放市场。

　　我国最早从事聚酰亚胺纤维的研究始于 20 世纪 60 年代，由华东化工学院和上海合成纤维研究所合作开展，PMDA 和 4,4'- 二氨基 – 苯醚（ODA）聚合得到的聚酰胺酸，通过干法纺丝制备聚酰亚胺纤维，可惜由于年代久远，记录体系不够完善，没有较多的资料保留下来。令人欣慰的是，随着国家经济逐渐繁荣，高性能纤维的研发工作近几年也开始得到重视，21 世纪以来，东华大学、中国科学院长春应用化学研究所、四川大学等单位皆开展了一系列聚酰亚胺纤维的研究，在产业化方面取得了很大的进展[15-16]。

　　近年来，关于聚酰亚胺纤维的研究和应用报道呈现出快速发展的趋势，图 1-3 是通过 SciFinder 检索的近 60 年来聚酰亚胺纤维的全球专利量和论文发表量。很明显，自 20 世纪 90 年代后，聚酰亚胺纤维的研究发展迅速。

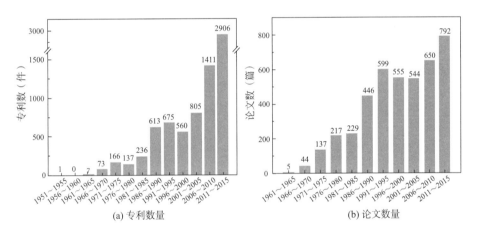

图 1-3　以"Polyimide Fibers"为关键词，通过 SciFinder 检索的国际上
发表的专利和论文情况

## 1.3　聚酰亚胺纤维的产业情况

　　20 世纪 60 年代，法国的罗纳布朗克公司开发了芳香族聚酰胺类型的聚酰亚胺纤维，后来由法国的 Kermel 公司以商品名 Kermel® 开始商业化开发[17]。如今 Kermel 公司注册的 Kermel®Tech 聚酰胺—酰亚胺纤维（图 1-4）基本满足高温气体过滤市场的耐高温需求，该纤维持续工作温度达到 220℃，最高使用温度接近 240℃，玻璃化转变温度高达 340℃，拉伸强度为 ~4 cN/dtex，目前主要用于有色及无色金属冶炼生产、矿产企业、水泥厂及能源生产等行业的高温过滤。

20 世纪 80 年代中期，奥地利 Lenzing AG 公司开发了一种新型的耐高温聚酰亚胺纤维产品 P84® 纤维（现为 Evonik 公司所有图 1-4），该纤维是由二苯酮四酸二酐（BTDA）和二异氰酸酯［80% 的甲苯二异氰酸酯（TDI），20% 二苯甲烷二异氰酸酯（MDI）］共聚反应得到的聚酰亚胺溶液通过一步法纺得，其强度为 0.5 GPa，伸长率为 6.4%，模量为 2.12 GPa，这种纤维由于低的机械性能，一般只用作耐热或耐辐射的滤布或防火纺织品，可在 260℃环境中连续使用，瞬时使用温度可高达 280℃[18]。

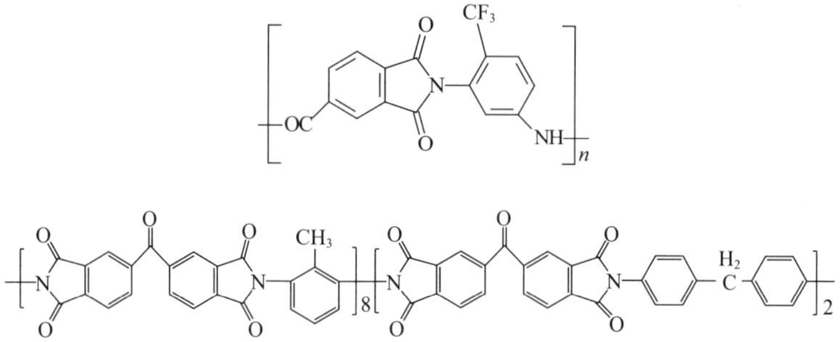

图 1-4　Kermel®Tech 和 P84 纤维的化学结构

目前，国内多家单位采用不同的生产工艺，实现了耐高温型、高强高模型聚酰亚胺纤维的商品化生产，在环境保护、航空航天、武器装备及个人防护等领域发挥了重要作用，也使得我国高性能聚酰亚胺纤维生产技术位居世界前列。长春高琦聚酰亚胺材料有限公司利用中国科学院长春应化所的技术于 2011 年首先进行产业化研究，目前的主流产品是采用湿法纺丝技术生产的耐热型聚酰亚胺纤维，年产能 1000 t，其强度为 0.5 ~ 0.7 GPa。同时，长春应化所的小型纺丝机能够提供小批量的高强高模聚酰亚胺纤维，并应用于航空航天领域，纤维的断裂强度为 3.0 ~ 4.0 GPa，模量为 120 ~ 140 GPa。江苏奥神新材料有限公司（连云港）利用东华大学的干法纺丝技术，于 2013 年实现了产业化，目前的主要产品是耐热型聚酰亚胺纤维，年产能 2000 t，有长丝、短丝、色丝等规格；近年来，东华大学在高强高模聚酰亚胺纤维的研发方面取得重要突破，其实验室制得小样纤维强度超过 4 GPa，模量 120 GPa 以上，以此为基础，于 2018 年上半年建成了年产 100 t 的高强高模聚酰亚胺纤维生产线，目前产品正在多个领域进行试用评估。江苏先诺新材料科技有限公司（常州）利用北京化工大学的技术在江苏常州建成了年产 30 t 的高强高模聚酰亚胺纤维生产线，并于 2016 年通过成果鉴定，产品有 3.0 GPa、

3.5 GPa 等多个规格，模量为 90 ～ 140 GPa 不等，其产品在航空航天、军工等多个领域得到应用或正在试用评估。

## 1.4　聚酰亚胺纤维的基本特性

### 1.4.1　优异的力学性能

聚酰亚胺高度共轭的分子结构赋予该纤维优异的机械力学性能（表1-3），通常聚酰亚胺纤维的抗张强度主要取决于聚酰亚胺的化学结构、相对分子质量、大分子的取向度和结晶度、纤维的皮芯结构以及缺陷分布等。目前，耐热型聚酰亚胺纤维的力学强度介于 0.5 ～ 1.0 GPa，模量为 10 ～ 40 GPa，而高强高模型聚酰亚胺纤维的抗拉强度普遍高于 2.5 GPa，模量超过 100 GPa，而我国第三代聚酰亚胺纤维的断裂强度超过 4 GPa，模量达150 GPa。俄罗斯研究者将嘧啶单元引入聚下亚胺主链中，所制备聚酰亚胺纤维的最优强度高达 5.8 GPa[14]，达到日本东洋纺生产的 Zylon^HT 纤维的强度，但尚未产业化。

### 1.4.2　耐热稳定性

对于全芳香族聚酰亚胺纤维，根据热重分析，其开始热分解温度一般都在 500 ℃ 以上，由联苯四酸二酐（BPDA）和对苯二胺（PDA）合成的聚酰亚胺纤维，热分解温度达到 600 ℃，是迄今为止聚合物纤维中热稳定性最高的品种之一。

### 1.4.3　耐化学腐蚀性

表 1-3 是联苯型聚酰亚胺纤维与对位芳纶在热稳定性、水蒸气、酸解、碱液、紫外辐照等方面的对比实验，很明显，聚酰亚胺纤维具有很好的耐化学腐蚀性和热稳定性，但其在碱性条件下水解较为严重[10]。

表 1-3　聚酰亚胺纤维与 Kevlar 49 的其他性能比较

| 性能 | 聚酰亚胺纤维 | Kevlar 49 |
|---|---|---|
| 热氧化稳定性 | 300℃空气中强度保持 90% | 300℃空气中强度保持 60% |
| 吸水性（200℃的水蒸气） | 12 h 强度保持 60% | 8 h 强度保持 35% |

| 性能 | 聚酰亚胺纤维 | Kevlar 49 |
|---|---|---|
| 耐水解性（85℃ 40% 硫酸） | 250 h 强度保持 93% | 40 h 强度保持 60% |
| 耐水解性（85℃ 10%NaOH） | 1 h 强度下降 40% | 50 h 强度下降 50% |
| 耐辐照性（80 ~ 100℃紫外光辐照） | 24 h 强度保持 90% | 8 h 强度保持 20% |

### 1.4.4　阻燃性能

聚酰亚胺被认为是已经工业化的聚合物中耐热性最好的品种之一，自身具有较高的阻燃性能，且发烟率低，属于自熄性材料，可满足大部分领域的阻燃要求。由于结构的多样性，不同的聚酰亚胺纤维产品的阻燃特性有明显差别，如 PMDA—ODA 结构聚酰亚胺纤维 LOI 值为 37%，P84 纤维的 LOI 值为 38%，一些特殊结构的聚酰亚胺纤维其 LOI 值甚至可高达 52%。

### 1.4.5　其他性能

聚酰亚胺纤维具有优异的耐辐照性能，如联苯型聚酰亚胺纤维经 $1 \times 10^8$ Gy 快电子辐照后其强度保持率仍高达 90%；聚酰亚胺纤维具有很好的介电性能，普通结构聚酰亚胺的介电常数约为 3.4，引入氟或大体积侧基，其介电常数可降低至 2.8 ~ 3.0，介电损耗约为 $10^{-3}$。

## 1.5　聚酰亚胺纤维制备方法

由于分子结构的特点，早期聚酰亚胺既不熔融也不溶解，给其加工造成困难。聚酰亚胺的前驱体（或称合成中间体）聚酰胺酸（polyamic acid，PAA）由于每个重复单元都有羧酸基团，使其在诸如 DMF、DMAc、N- 甲基吡咯烷酮（NMP）等非极性溶剂中具有很好的溶解性，为其溶液纺丝提供了基础。因此，早期的研究均是以聚酰胺酸溶液为纺丝浆液纺制聚酰胺酸纤维，纤维成形后干燥，经热环化或化学环化将聚酰胺酸纤维转变为聚酰亚胺纤维（即环化过程），再进行高温牵伸和稳定化得到高性能的聚酰亚胺纤维，即"两步法（two-step）"，如图 1-5 所示。两步法的优点在于分子结构的可调性，即各种化学结构的聚酰胺酸基本都具有很好的溶解性，可以进行溶液纺丝；但聚酰胺酸易发生降解，在前驱体纤维转化为聚酰亚胺纤维的环化过程中，伴随大分子聚集态结构的变化，因此，大分子同时进行化学反应和物理转变，给有效控制这些因素带来更大的挑战。

　　图 1-6 是聚酰亚胺和前驱体纤维的动态热机械分析（DMA）曲线，可以看出，前驱体纤维（PAA）在 150℃附近发生明显的热降解，导致模量出现了明显的降低；但随着温度的提高（200℃以上），纤维发生了环化反应，提升了纤维的力学性能，与对比的聚酰亚胺纤维（PI）相似。这一过程实际是前驱体纤维在升温的过程中，首先发生降解，随着温度的再提高，发生了环化反应。因此，环化反应和前驱体的降解存在竞争关系，系统研究聚合物的稳定性和环化反应动力学显得尤为重要。再如，纤维在应力作用下聚

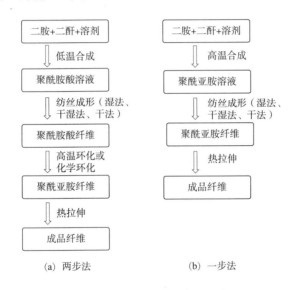

（a）两步法　　　　　　　　（b）一步法

图 1-5　聚酰亚胺纤维制备的基本流程

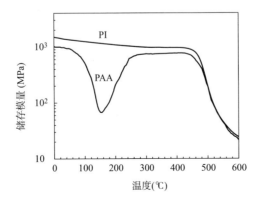

图 1-6　PAA 和 PI 的 DMA 曲线

集态结构发生了较大的变化，深入研究纤维在复杂外场作用下刚性链凝聚态结构和微缺陷形成机制和演变过程对于揭示纤维高性能化的内在规律显得尤为重要。

与两步法制备路线对应的是"一步法（one-step）"，即随着合成技术的改进，通过分子结构设计或特种溶剂的选择，能够合成出可溶且可纺的聚酰亚胺溶液，为采用一步法制备高强高模型聚酰亚胺纤维打下了基础。然而，用于制备纤维的可溶性聚酰亚胺溶液一般采用酚类（如间甲酚、对氯苯酚等）为溶剂，该类溶剂的挥发度和毒性都比较大，环保压力和成本较高导致相关技术没有在市场上出现。近年来，作者课题组通过分子结构设计，在大分子主链或侧链中引入咪唑和三氟甲基等基团，合成了能够在 NMP 中高度溶解的聚酰亚胺溶液，经湿法纺丝、高温拉伸等工序，制备了高强高模型聚酰亚胺纤维，详见第 5 章。

熔融纺丝方法也在早期被用来纺制聚酰亚胺纤维。由于大多数聚酰亚胺是不熔融或具有很高的熔点，而有机高分子在 400 ℃以上易发生分解或交联，采用常规的熔融纺丝方法显然是不可行的，为解决这一难点，常用的方法是在聚酰亚胺主链上引入酯或醚等结构，降低其熔点，使之在可接受的温度下具有足够低的熔体黏度，从而能够进行熔融纺丝。所以熔纺的聚酰亚胺纤维耐热性较低。日本帝人公司[19]将聚醚酰亚胺纤维在 345 ～ 475 ℃下进行熔纺，并使纤维通过温度为 200 ～ 350 ℃的纺丝管制成，纤维具有一定的力学性能，但仍没有高强高模的特性。旭化成[20]熔纺的一种聚醚酰亚胺，纺丝温度为 250 ℃，拉伸倍数为 5.5 倍，可得到强度为 0.49 GPa 和模量为 3.0 GPa 的纤维。Irwin[21-22]采用聚酰亚胺酯在 300 ～ 400 ℃进行纺丝，卷绕速度为 300 ～ 400 m/min，初生纤维的强度为 0.59 GPa 左右，经热处理后强度可提高到 1.55 GPa 以上，初始拉伸模量为 48 GPa 左右。Clair[23-25]采用商品名为 LaRc™-IA 的热塑性聚酰亚胺熔融纺丝，得到的纤维强度最高为 0.16 GPa，模量为 3.0 GPa，纤维的性能见表 1-4。该聚酰亚胺是由 3,4'-ODA 和 3,3',4,4'- 二苯醚四甲酸二酐（ODPA）缩聚而得，并用邻苯二酸酐对其进行封端以控制聚合物的分子量。

表 1-4　熔纺 LaRc™-IA 聚酰亚胺纤维的性能

| 纺丝温度（℃） | 纤维直径（mm） | 强度（GPa） | 模量（GPa） | 延伸率（%） |
| --- | --- | --- | --- | --- |
| 340 | 0.24 | 0.16 | 2.8 | 113 |

| 纺丝温度（℃） | 纤维直径（mm） | 强度（GPa） | 模量（GPa） | 延伸率（%） |
|---|---|---|---|---|
| 350 | 0.17 | 0.16 | 3.0 | 102 |
| 360 | 0.18 | 0.14 | 2.7 | 84 |

　　Ding 等[26]利用 PEI（聚醚酰亚胺）作为致孔剂，采用熔融纺丝—热致相分离法制备出 PEEK/PEI 混纺中空纤维膜，形成半结晶 PEEK 网络后去除 PEI 成分后，得到 PEEK 中空纤维膜。当 PEEK/PEI 比例为 50/50 时，纯氧气渗透率达 $2.26 \times 10^{-5} m^3$（STP）/（$m^2 \cdot s^1 \cdot kPa^1$）（3000 GPU）。此类以聚醚酰亚胺作为大分子致孔剂，使用熔融纺丝—热致相分离的方法为制备 PEEK 中空纤维膜提供了新思路。Endo 等[27]利用分子量分布 $Mw/Mn$ 为 2.2 的 PEI 聚合物"ULTEM 9001"进行熔融纺丝，得到线密度为 2.2 dtex，干热收缩率为 3.5%，断裂强度为 2.6 cN/dtex 的聚酰亚胺纤维。陈玲玲等[28]以偏苯三酸酐、乙二胺和聚醚二醇为原料，通过一步法合成得到不同软硬段比例的聚酯酰亚胺醚，随着拉伸倍率提高，回弹性和断裂伸长率逐渐增强，熔点随着硬段的酰亚胺基团含量的提高而不断提高，且均超过 200℃，该类聚合物在具备优异回弹性的同时，兼具高耐热性。聚酰亚胺的熔融纺丝的纺丝温度相对较高，目前得到的纤维强度一般较低，还需从纺丝技术方面进行改进，但它仍具有耐高温、耐腐蚀等特性，可用于过滤、耐火毡及混编法制造复合材料等领域。

# 参考文献

［1］沈新元. 先进高分子材料［M］. 北京：中国纺织出版社，2006.

［2］EDISON T A. Manufacturing of Filaments for Incandescent Electric Lamp. USP 470925［P］. 1892.

［3］周宏. 美国高性能碳纤维技术发展史研究［J］. 合成纤维，2017，46（2）：16–21.

［4］EDWARDS W M. Aromatic polyimides and the process for preparing them：US，3179634［P］. 1965.

［5］IRWIN R，SWEENY W. Polyimide fibers［M］. New Jersey：Wiley Online Library，1967.

［6］GOEL R，VARMA I，VARMA D. Preparation and properties of polyimide fibers［J］. Journal of Applied Polymer Science，1979，24（4）：1061–1072.

[7] GOEL R, HEPWORTH A, DEOPURA B, et al. Polyimide fibers : Structure and morphology[J]. Journal of Applied Polymer Science, 1979, 23 (12): 3541–3552.

[8] MAKINO H, KUSUKI Y, HARADA T, et al. Process for producing aromatic polyimide filaments : US, 4370290[P]. 1983.

[9] KANEDA T, KATSURA T, NAKAGAWA K, et al. High–Strength High–Modulus Polyimide Fibers.1. One–Step Synthesis of Spinnable Polyimides[J]. Journal of Applied Polymer Science, 1986, 32 (1): 3133–3149.

[10] KANEDA T, KATSURA T, NAKAGAWA K, et al. High–strength high–modulus polyimide fibers.2. spinning and properties of fibers[J]. Journal of Applied Polymer Science, 1986, 32 (1): 3151–3176.

[11] CHENG S Z D, WU Z Q, EASHOO M, et al. A High–performance aromatic polyimide fiber.1. structure, properties and mechanical–history dependence[J]. Polymer, 1991, 32 (10): 1803–1810.

[12] EASHOO M, SHEN D X, WU Z Q, et al. High–performance aromatic polyimide fibers.2. thermal–mechanical and dynamic properties[J]. Polymer, 1993, 34 (15): 3209–3215.

[13] EASHOO M, WU Z Q, ZHANG A Q, et al. High–performance aromatic polyimide fibers.3. a polyimide synthesized from 3,3', 4,4'–biphenyltetracarboxylic dianhydride and 2,2'–dimethyl–4,4'–diaminobiphenyl[J]. Macromolecular Chemistry and Physics, 1994, 195 (6): 2207–2225.

[14] SUKHANOVA T E, BAKLAGINA Y G, KUDRYAVTSEV V V, et al. Morphology, deformation and failure behaviour of homo– and copolyimide fibres 1. Fibres from 4,4'–oxybis( phthalic anhydride )( DPhO ) and p–phenylenediamine ( PPh ) or/and 2,5–bis ( 4–aminophenyl ) – pyrimidine ( 2,5PRM )[J]. Polymer, 1999, 40 (23): 6265–6276.

[15] 张清华, 陈大俊, 丁孟贤. 聚酰亚胺纤维 [J]. 高分子通报, 2001, 05: 66–72.

[16] 张清华, 陈大俊, 张春华, 等. 聚酰亚胺高性能纤维研究进展 [J]. 高科技纤维与应用, 2002, 05: 11–14.

[17] 王敏. 新型 KERMEL TECH 纤维 [J]. 材料开发与应用, 2004, 4: 27.

[18] WILLIAM J, FARRISSEY J, ONDER B K. Polyimide fiber having a serrated surface and a process of producing same : US, 3985934[P]. 1976.

[19] MASATO Y, TOSHIMASA K, et al. Production of polyetherimidefiber[P]. JP, 306614, 1989.

[20] TETSUO S, TAICHI I. Production of polyether imide yarn having excellent mechanical property[P]. JP, 298211, 1989.

[21] IRWIN R S. Polyimide–esters and filaments[P]. US, 4383105, 1983.

[22] GANNETT T P, GIBBS H H. Melt–fusible polyimides[P]. US, 4485140, 1984.

[23] DORSEY K D, DESAI P, ABHIRAMAN A S, et al. Structure and properties of melt – extruded laRC – IA ( 3,4'–ODA 4,4'–ODPA ) polyimide fibers [J]. Journal of Applied Polymer Science, 1999, 73 (07): 1215–1222.

[24] ST CLAIR TL, FAY CC, et al. Polyimide fibers[P]. US, 5840828, 1998.

［25］FAY C C，HINKLEY J A，CLAIR T L S，et al. Mechanical properties of LaRCTM–IA and ULTEM® melt–extruded fibers and melt–pressed films［J］. Advanced Performance Materials，1998，5（03）：193–200.

［26］DING Y，BIKSON B. Preparation and characterization of semi–crystalline poly（ether ether ketone）hollow fiber membranes［J］. Journal of Membrane Science，2010，357（1）：192–198.

［27］ENDO R，WASHITAKE Y，et al. Amorphous polyetherimide fiber and heat –resistant fabric［P］. US，20120015184，2012.

［28］陈玲玲，兰建武，吴乐，等. 聚酯酰亚胺醚热塑性弹性体的合成及其纤维性能［J］. 合成纤维，2007，36（07）：30–33.

# 第2章 聚合物的合成及环化反应

## 2.1 聚合物合成及影响因素

### 2.1.1 单体

聚酰亚胺结构繁多，其结构可调性是常规高分子品种所不具备的。聚酰亚胺可通过多种途径合成，常用的方法有两种：途径一是利用含有酰亚胺环的单体合成聚酰亚胺；途径二是通过二酐和二胺单体的反应制备聚酰胺酸，再经热环化或化学环化反应形成酰亚胺环。途径二具有所用的二酐及二胺单体来源广、聚合反应操作方便等优点而应用广泛，该途径也是合成聚酰亚胺是最通用的方法，被认为是最具有工业化开发潜力的方法。常见的二酐、二胺单体分子结构及相关参数见表 2-1 和表 2-2。根据反应过程及机理的差异，聚酰亚胺的合成又有"一步法"和"两步法"之分，下面结合具体实例分别进行阐述。

表 2-1 芳香族二酐的分子结构及电子亲和性 $E_a$ [1-2]

| 二酐 | $E_a$（eV） | 二酐 | $E_a$（eV） |
|---|---|---|---|
| PMDA | 1.90 | BPDA | 1.38 |
| ODPA | 1.30 | BTDA | 1.55 |
| 6FDA | 1.48 | DSDA | 1.57 |

表 2-2　二胺的分子结构及其碱性 p$K_a$ 值对 PMDA 的酰化速率常数 lg$K$ [3-4]

| 二胺 | p$K_{a1}$ | p$K_{a2}$ | lg$K$ |
|---|---|---|---|
| 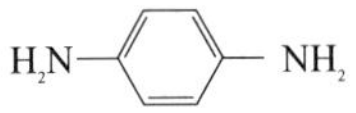 H$_2$N—◯—NH$_2$<br>*p*-PDA | 6.08 | — | 2.12 |
| 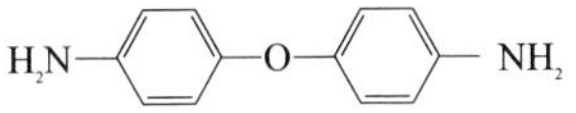 H$_2$N—◯—O—◯—NH$_2$<br>ODA | 5.20（5.41） | （4.02） | 0.78 |
| 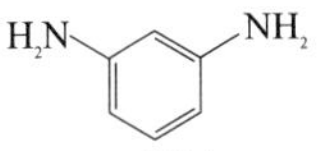 H$_2$N—◯—NH$_2$<br>*m*-PDA | 4.80（6.12） | （3.49） | 0 |
| 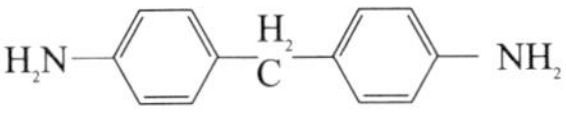 H$_2$N—◯—CH$_2$—◯—NH$_2$<br>MDA | （6.06） | （4.98） | — |
| 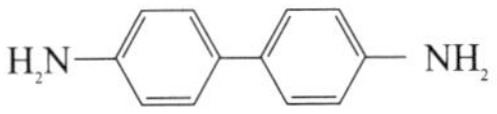 H$_2$N—◯—◯—NH$_2$<br>BZ | 4.60 | （3.41） | 0.37 |

## 2.1.2　聚酰胺酸的合成

由二酐和二胺反应生成聚酰亚胺的合成过程往往会先出现聚酰胺酸（即前驱体，PAA），之后再通过环化反应生成聚酰亚胺，即"两步法"合成路线，具体是指等摩尔量二酐与二胺单体在非质子极性有机溶剂中，如 $N$, $N$- 二甲基甲酰胺（DMF）、$N$, $N$- 二甲基乙酰胺（DMAc）、$N$- 甲基 -2- 吡咯烷酮（NMP）等，低温下反应首先合成 PAA 溶液，进行溶液加工成型后，经热酰亚胺化或化学亚胺化反应生成聚酰亚胺，总体路线如图 2-1 所示[2]。

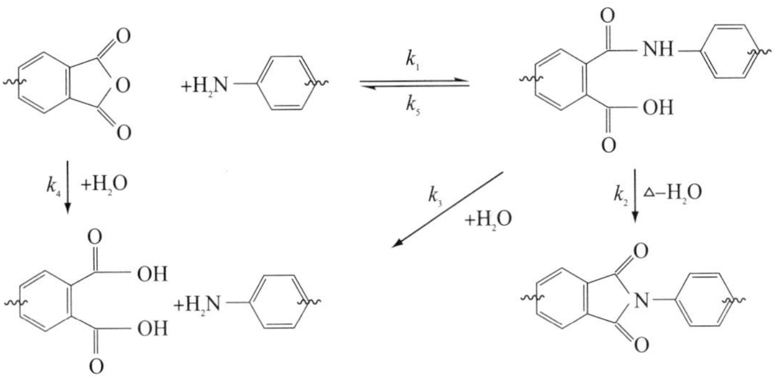

图 2-1　"两步法"合成聚酰亚胺过程的主要反应

二酐和二胺单体在非质子极性溶剂中合成聚酰胺酸的过程是可逆反应，正向反应被认为是二酐与二胺单体间形成电荷转移络合物的过程，室温下，这种反应在非质子极性溶剂中的平衡常数高达 $10^5$ L/mol，因此，很容易合成高分子量的聚酰胺酸[6-8]。二酐单体的电子亲和性和二胺单体的碱性是影响该反应速率最重要的因素，通常而言，二酐单体中含有吸电子基团，如 C=O、O=S=O 等，有利于提高二酐的酰化能力；而当二胺单体中含有吸电子基团时，尤其是这些基团处于氨基的邻位、对位时，在低温溶液缩聚中难以获得高分子量的聚酰胺酸。常见二酐单体的分子结构和电子亲和性 $E_a$ 及二胺单体的分子结构及其碱性 $pK_a$ 值对 PMDA 单体的酰化速率常数 $\lg K$ 见表 2-1 和表 2-2。除单体结构外，影响聚酰胺酸合成的因素还包括以下几方面。

（1）反应温度：聚酰胺酸的合成是放热反应，提高反应温度有利于逆反应的进行，使聚酰胺酸的相对分子质量降低，因此，通常采用低温（-5 ~ 20 ℃）溶液缩聚合成聚酰胺酸。而对于单体活性较低的反应体系，提高反应温度一般有利于正反应的进行，事实上，当二胺或二酐活性较低时，通常采用"高温一步法"合成高分子量的聚酰亚胺溶液。

（2）反应单体浓度：除反应温度外，聚合单体的浓度对聚酰胺酸的分子量也有重要影响。形成聚酰胺酸的正反应为双分子反应，而逆反应为单分子反应，因此，增加反应浓度对正反应有利。但浓度太高，体系黏度太大，导致传质传热不均，不利于分子链的增长。

（3）二酐与二胺组成：理论上，二酐与二胺单体的摩尔比接近 1 : 1 时，合成的聚酰胺酸分子质量和特性黏度最大，然而二酐单体对微量水分很敏感，容易潮解形成羧酸基团从而降低反应活性，在实际合成过程中通常控制二酐与二胺单体的摩尔比为（1~1.02） : 1 时最佳。二酐与二胺的反应是典型的缩聚反应，其聚合度与反应单体的摩尔比和反应程度密切相关，假设所有的官能团都参与反应，其中过量的官能团起到调控聚合度的作用。

（4）溶剂种类：常用的聚酰胺酸的合成溶剂主要为非质子极性有机溶剂，如 DMAc、DMF、二甲基亚砜（DMSO）及 NMP 等，不同溶剂对聚酰胺酸的溶解能力不同。鉴于环保及安全等要求，目前广泛使用的溶剂主要是 DMAc 和 NMP，其中 NMP 相对环保，并且不与聚酰胺酸形成缔合作用，对聚酰胺酸具有更好的溶解能力，有利于合成高分子量的聚酰胺酸溶液。

（5）其他因素：除上述因素外，影响聚酰胺酸分子量的因素还包括单体纯度、加料方式及水分含量等因素，在实际操作中，需要综合考虑各方面因素，合成高分子量的聚酰胺酸，为制备高性能聚酰亚胺提供基础。

## 2.2　环化程度的测定法

从聚酰胺酸到聚酰亚胺存在酰亚胺化过程（图 2-1），也称为环化过程，这一过程对聚酰亚胺产品的制备及性能具有至关重要的影响。若要掌握其环化动力学过程，首先要测得环化程度。

### 2.2.1　FTIR 方法

环化程度的测定可分为绝对值法和相对值法，所谓绝对值法就是根据环化反应产物来分析环化程度，这种方法不需要进行对比校正，但实验条件比较苛刻，而且对样品的要求比较高。相对值法是指待测样品与完全环化的聚酰亚胺样品的特定光谱作比较从而得到其环化程度。

红外光谱是测定环化程度较为常见的方法。聚酰亚胺区别于聚酰胺酸的三个特征峰包括 1780 cm$^{-1}$（羰基不对称伸缩振动），1380 cm$^{-1}$（C—N 伸缩振动）以及 725 cm$^{-1}$ 处（C=O 的弯曲振动）。在前期有采用 605 cm$^{-1}$ 作为聚酰亚胺特征峰来计算环化程度的报道，也有报道以 725 cm$^{-1}$ 处作为聚酰亚胺的特征峰，并以 Lambert–Bill 定律来观察 725 cm$^{-1}$ 处光谱强度随温度和时间的变化[9-10]。考虑到红外测试中薄膜厚度对吸光系数的影响，研究者逐渐开始采用内标代替 Lambert–Bill 定律来计算环化程度，早期采用的内标为 1015 cm$^{-1}$ 的苯环振动吸收峰，由于 1015 cm$^{-1}$ 处特征峰的强度偏低，之后逐渐采用 1500 cm$^{-1}$ 处的吸收峰作为内标[11]。Pryde 等[12-13]讨论了将 1780 cm$^{-1}$、1380 cm$^{-1}$、725 cm$^{-1}$ 分别作为参考特征峰计算环化程度之间的差异，得出的结论认为 1780 cm$^{-1}$ 和 725 cm$^{-1}$ 处的特征峰强度太低，在计算环化程度时容易造成很大误差，而 1380 cm$^{-1}$ 处的特征峰较强，比较适合定量计算，因此，采用 $A_{1380}/A_{1500}$（$A$ 指峰强度）作为内标已经成为定量计算环化程度的普遍选择[14-15]。因此，基于红外光谱的表征方法，环化程度由式（2-1）给出[12-13]，其中 $D_{1380}$、$D_{1500}$ 分别代表聚酰胺酸薄膜中酰亚胺与苯环的强度，下标 t 表示 t 时刻的聚酰胺酸，下标 ∞ 表示完全环化聚酰亚胺样品，式中峰强度 $D$ 以峰高计算。

$$环化程度 \ \beta = \frac{(D_{1380}/D_{1500})_t}{(D_{1380}/D_{1500})_\infty} \qquad 式（2-1）$$

### 2.2.2　元素分析方法

以环化产物的生成来描述环化程度的方法被称作绝对值法，元素分析是绝对值法中得到成功应用的一种方法。将待测样品看作是一个由聚酰胺酸、聚酰亚胺、溶剂 DMAc 组成的混合物，元素分析可以得到混合物总体上 C、H、N 的含量 $f_C$、$f_H$、$f_N$，通过计算可得到样品的环化程度。这种方法的缺陷在于环化程度的计算结果对 C、H、N 含量特别敏感，非常小的含量差别会造成很大的计算差异。

以 PMDA—BPDA—ODA 共聚产物为例（图 2-2），即在聚酰亚胺的初生纤维中存在 x 分子的聚酰胺酸链节，y 分子的聚酰亚胺链节，z 分子的 DMAc，在这里假设共聚聚酰胺酸中两组分的环化速率是一样的，x、y、z 的分子式分别如下：

x：$(C_{22}H_{14}N_2O_7)_{0.7}(C_{28}H_{18}N_2O_7)_{0.3}$  $M_w$=443.28

y：$(C_{22}H_{10}N_2O_5)_{0.7}(C_{28}H_{14}N_2O_5)_{0.3}$  $M_w$=407.25

z：$C_4H_9NO$  $M_w$=87.12

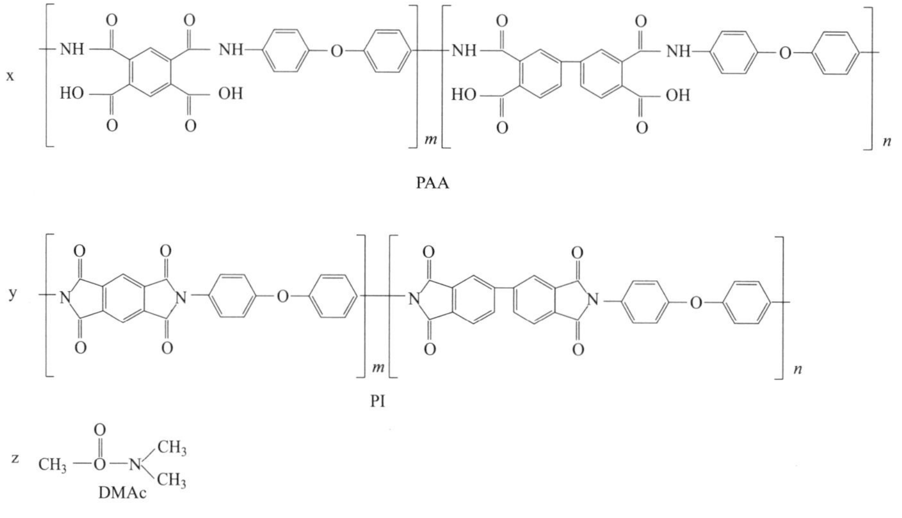

图 2-2　PMDA—BPDA—ODA 结构聚酰亚胺初生纤维的成分组成

当图 2-1 所示的 PMDA—BPDA—ODA 结构中的 $m$=0.7，$n$=0.3 时，通过元素分析仪测得的初生纤维 C、H、N 三种元素的含量分别是 64.83%、4.27%、7.53%，根据 C、N、H 原子质量守恒定律可得下列方程组：

$$\left\{\begin{array}{l} \dfrac{23.8x+23.8y+4z}{443.28x+407.25y+87.12z} \times 12.01=0.6483=f_C \qquad 式（2-2）\\[3mm] \dfrac{15.2x+11.2y+9z}{443.28x+407.25y+87.12z} \times 1.008=0.0427=f_H \qquad 式（2-3）\\[3mm] \dfrac{2x+2y+z}{443.28x+407.25y+87.12z} \times 14.01=0.0753=f_N \qquad 式（2-4） \end{array}\right.$$

这是一组三元一次方程组，由于初生纤维中含有聚酰胺酸、聚酰亚胺、DMAc 以及可能存在的小分子杂质（如 $H_2O$），所以用 $f_C$、$f_N$ 这两个方程解出 $x$、$y$、$z$ 之间的关系较为合适，联立上式可得到环化程度 $\beta$ 为 28.8%：

$$\beta = \frac{x}{x+y} = \frac{0.47}{1.63} = 28.8\%$$

### 2.2.3　TG—MS 法测定环化程度

热失重（TG）法是另一种测定环化程度绝对值的方法，Hsu 等[16]采用 DSC 和 TG 等分析了聚酰胺酸环化过程中生成的产物，取得了一定的效果，但这种方法存在着一定的误差。TG 法测定聚酰胺酸环化程度基于两个前提：溶剂与聚酰胺酸的络合是稳定的，且络合比例是确定的，溶剂 DMAc 与聚酰胺酸的络合比例是 2∶1；聚酰胺酸热环化过程中，成环环化和 DMAc 与聚合物的解络合作用是同时进行的，或者说一个反应的发生会迅速导致另外一个反应的进行，它们之间不存在宏观状态下的时间差。如果满足上述条件，聚酰胺酸的环化程度就可以由其环化过程中的失重总量与理论上纯聚酰胺酸完全环化所产生的失重总量作比来得到。以 PMDA—ODA 结构为例加以说明。

第一个前提即以 2∶1 比例将溶剂 DMAc 络合聚酰胺酸，可以由 TG—MS（热失重—质谱法）中的 TG 测试得到，如图 2-3（a）所示。纯聚酰胺酸完全环化实际失重约为 34.2%，理论上则为 35.5%，这说明 2∶1 的络合比例是合理的。

第二个前提则必须要通过聚酰胺酸热环化时逸出的气体来验证，TG—MS 联用技术是逸出气体分析的一个非常重要的手段[17-19]。聚酰胺酸在 TG 坩埚中加热发生环化反应，水和 DMAc 分子连续地从中逃逸出来，接入 MS 系统中，在 MS 中气体小分子被离子化后送入 MS 检测器中检测。如果在整个热失重过程中，逸出气体的总量是一定的，那么结合热失重数据就能判断产生这两种气体的反应是否同步。

首先对聚酰胺酸在非等温实验中逸出气体进行了测试，图 2-3（b）显示了失重过程中两种组分特征质核比强度的变化情况。图中 $m/z=17$ 或 18 是水分子的特征质核比，而 $m/z=44$ 或 87 则是 DMAc 的特征质核比[20]。从逸出气体水分子可以看出，$m/z=17$ 曲线和 $m/z=18$ 曲线的趋势完全一致，只是 $m/z=18$ 曲线强度要比 $m/z=17$ 的高，考虑到测试准确性和精度，可采用 $m/z=18$ 来代表水分子。对于 DMAc 分子，$m/z=87$ 的信号噪声非常大，而且由于检测到的强度偏低，其准确性和精度远不如 $m/z=44$ 的高，故采用 $m/z=44$ 来代表 DMAc 分子。

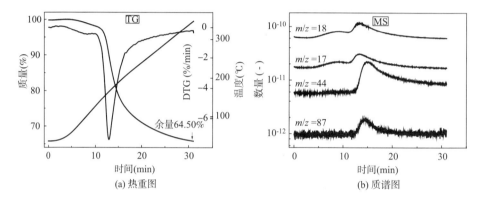

图 2-3　PMAD—ODA 型聚酰胺酸在热环化过程中的 TG—MS 图
（10℃ /min，50 ~ 350℃）

定量计算要求 MS 中检测到的质谱信号强度能同步反映气体分子从热失重坩埚中逸出的速度，从这一点考虑，图 2-3（b）中的质核比信号强度可以看作是聚酰胺酸热环化过程中释放气体的速度。那么这个信号的积分值代表热失重过程中某一组分释放的气体总量，再对这个积分值微分结合 TG 数据可得到这一组分气体的逃逸速度，处理结果如图 2-4 所示。

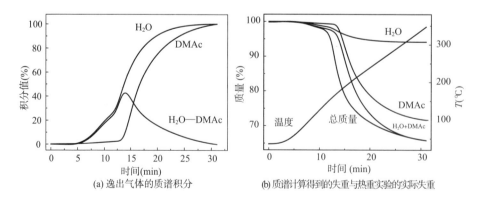

图 2-4　热失重过程中水和 DMAc 的实际失重以及计算得到的理论失重

从图 2-4（a）看到，水和 DMAc 的积分曲线并不重合，水明显要比 DMAc 气体逃逸得更快，在 14 min 时这两者之间的差值为 40%，即脱水的解络合作用和成环环化过程并不同步。另外，必须看到产生这种现象的原因有可能是两种气体的扩散速率不同导致的，即由于水的沸点较低且分子量较小，当环化反应完成时，水分子没有遇到多大阻力就可以从聚酰胺酸基体中逃逸出来；而 DMAc 沸点较高且分子量也较大，即使发生了解络合作用，DMAc 变成了游离态，没有达到一定温度或 DMAc 分子没有获得一定动能，它很有可能无法从聚酰胺酸基体中逃逸出来。

无论是脱除 DMAc 的解络合作用先发生还是环化反应先发生，这两个反应总是相互伴随的，只是在非等温测试中，这两个组分气体的逸出情况受到扩散速率的影响，使其有滞后效应。等温实验可进一步验证整个问题：以 10℃ /min 的升温速度分别升温至 120℃、160℃、200℃、240℃、280° C 作等温测试，恒温 60 min。以 120℃实验为例（图 2-5），很明显，等温实验中聚酰胺酸的失重为 33.9 %，与 2∶1 的 DMAc∶PAA 络合理论比较符合。TG 图中的失重曲线根据控温程度（初始升温—恒温—升温至 350℃）可以分为三段，可以看到恒温段失重仍在继续，而在 MS 图中恒温段水（$m/z$=18）和 DMAc（$m/z$=44）的信号强度都在减弱，这都说明环化过程不仅依赖于温度，而且也依赖于时间。MS 图中水和 DMAc 的信号强度在后续升温过程中也有增加，这说明温度增加后，环化反应是加速进行的。

与恒速升温测试一样，对图 2-5 中的 MS 信号进行积分处理，结果见图

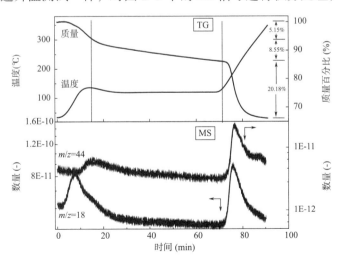

图 2-5　聚酰胺酸在 120℃下的恒温 TG—MS 测试

2-6。很明显，恒温测试中通过积分算得的 $H_2O$+DMAc 的失重曲线与 TG 实际测得的失重曲线重合度要比其在升温测试中的重合度高得多，这说明恒温测试要比升温测试得到的结果更为准确。因此，采用 TG 法测定聚酰胺酸有一定的合理性，如果处理得当，其误差值可以控制在一个较小的范围内。在这里要指出，TG 法是通过测定反应产物来确定环化程度的，在将其适用于测试部分环化的聚酰胺酸样品时，要确保样品中没有游离的水和 DMAc，这对提高 TG 法测定环化程度的精度是有帮助的。利用这一结果对 TG 恒温过程中的环化程度进行计算，结果如图 2-7 所示，从图中可以明显地看出，聚酰胺酸的环化分为两个阶段，初始的快速阶段和随后的慢速阶段，这与早期的研究结果一致[21-22]。

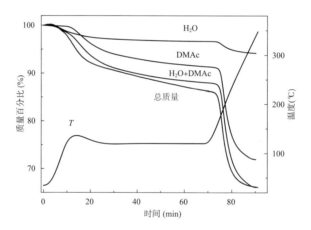

图 2-6　聚酰胺酸在 120℃恒温实验中水和 DMAc 的失重情况

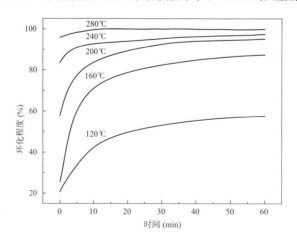

图 2-7　不同恒温实验中以产物水为标准计算的环化程度

## 2.3　环化反应过程

### 2.3.1　FTIR 测定环化反应动力学

环化反应过程及其动力学是指聚酰胺酸的环化程度随时间的变化关系，而环化反应须在高温下进行，使环化过程变得较为复杂。一般通过测试一定温度下的环化程度变化，或者以某个固定的升温速率（即动态环化）对样品进行升温，测试升温过程中样品的环化程度，从而计算环化反应动力学。

**1. 特征峰测定**

带有加热功能的红外光谱是测定环化程度相对简单有效的办法。如图 2-8 所示，聚酰胺酸—聚酰亚胺的 FTIR 谱带中，X—H 区（2200 ~ 3600 cm⁻¹）以及双键区（1350 ~ 1850 cm⁻¹）谱带发生了剧烈的变化，说明加热时，聚酰胺酸的化学结构发生了变化。很少有文献研究聚酰胺酸在 2200 ~ 3600 cm⁻¹ 区域内的变化，这是因为这个区域没有出现能够表征聚酰亚胺结构的特征峰，而且在 X—H 这个区域，聚酰胺酸氢键作用非常复杂[23-24]。一般认为，聚酰胺酸薄膜中存在着两种氢键 OH···O＝C 和 NH···O＝C，在这两种氢键中，C＝O 除可由聚酰胺酸的羧基和酰氨基提供外，溶剂 DMAc 分子也可以提供 C＝O，这也是 DMAc 在室温下抽真空无法去除的原因之一[17]。氢键的形成以及聚合物空间构型的多分散性导致红外图谱在 X—H 区域内 2200 ~ 3400 cm⁻¹ 形成了一个弥散的吸收峰，如图 2-8( a ) 所示。红外图谱在 2400 ~ 2600 cm⁻¹ 区域内的吸收平台也证实了这一结论，与文献报道的一致[25]，它是由羧基在 1248 cm⁻¹ 和 1413 cm⁻¹ 的倍频峰造成的。弥散峰在 2872 cm⁻¹、2936 cm⁻¹ 上出现的小峰是由 CH₃ 的伸缩振动引起的，证实了 DMAc 的确存在于聚酰胺酸薄膜中。弥散峰在 3040 cm⁻¹、3130 cm⁻¹ 上出现的小峰则是由苯环上 C—H 振动引起的，可以看到当聚酰胺酸完全环化后，这两个峰变得相当明显。弥散峰在 3290 cm⁻¹ 处的小峰则是由酰胺 N—H 的伸缩振动引起的，这个吸收峰随着温度上升而逐渐减弱并向高频移动，这是由于随着环化的进行，分子链刚性增强，形成氢键的能力受到抑制，这个结论进一步证实了 Seo 的环化理论[26-27]。

聚酰亚胺的特征峰主要出现在 1350 ~ 1850 cm⁻¹ 区域，如图 2-8（b）所示。总体来讲，随着温度升高，区域内的特征吸收强度呈下降趋势。通常用 1780 cm⁻¹、1720 cm⁻¹、1380 cm⁻¹ 来表征聚酰亚胺，它们分别代表聚酰亚胺结构中 C＝O 的非对称伸缩振动、对称伸缩振动以及 C—N 键的伸缩振动。但

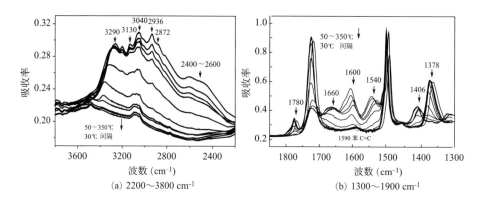

图 2-8　热环化过程中聚酰胺酸的红外光谱

是由于聚酰亚胺在 1720 cm⁻¹ 吸收峰与聚酰胺酸羧基的 C=O 伸缩振动峰非常接近，很难区分，因此，一般不采用 1720 cm⁻¹ 作为定量计算环化程度的特征峰。与 1780 cm⁻¹ 处的吸收峰相比，聚酰亚胺在 1380 cm⁻¹ 处的吸收非常明显，且在环化程度较高时所受干扰较小，因此，一般采用 1380 cm⁻¹ 作为特征峰来定量计算环化程度较为准确。1660 cm⁻¹、1540 cm⁻¹ 吸收峰分别为聚酰胺酸中的酰胺 Ⅰ 和酰胺 Ⅱ 的特征吸收峰，随着温度的升高，这两个峰的强度减小，且 1660 cm⁻¹ 处的峰向高频移动，而 1540 cm⁻¹ 处的峰则向低频移动，这表明环化过程受到氢键的影响。1406 cm⁻¹ 出现的峰是由 $CH_3$ 的弯曲振动造成的，这也验证了环化过程中 DMAc 逐渐地减少。图谱在 1500 cm⁻¹ 处的峰则是苯环的特征峰，这个峰特征明显，可以作为内标计算环化程度。图谱中 1600 cm⁻¹ 处的峰是由 DMAc 分子的 C=O 伸缩振动造成的，因为这个峰太宽，不可能是苯环的振动峰[11-16]，而且随着温度升高，它的强度显著地减小。聚酰胺酸热环化过程中特征峰的识别可归纳为表 2-3。

表 2-3　聚酰胺酸热环化过程中红外特征峰的归属

| 红外波数（cm⁻¹） | 从 PAA 到 PI 的强度变化 | 归属 |
| --- | --- | --- |
| 3290 | ↙ | 酰胺 N—H 伸缩振动 |
| 3130，3040 | ↓ | 苯 C—H 伸缩振动 |
| 2936，2872 | ↓ | $CH_3$ 伸缩振动 |
| 2600 ~ 2400 | ↓ | COOH 倍频峰 |
| 1775 | ↗ | 酰亚胺伸缩振动 |

| 红外波数（cm$^{-1}$） | 从 PAA 到 PI 的强度变化 | 归属 |
|:---:|:---:|:---:|
| 1720 | ↑，↓ | 酰亚胺、酸 C＝O 伸缩振动 |
| 1660 | ↙ | 酰胺 C＝O 伸缩振动 |
| 1600 | ↓ | DMAc 中 C＝O 伸缩振动 |
| 1540 | ↘ | 酰胺 II |
| 1408 | ↓ | CH$_3$ 的弯曲振动 |
| 1370 | ↗ | 酰亚胺的 C—N 伸缩振动 |

注　"↓"表示下降；"↑"表示增加；"↘"表示下降同时峰向低频移动；"↙"下降同时峰向高频移动。

### 2. 热环化动力学参数

为了研究聚酰胺酸热环化动力学参数，首先要测定在不同温度下聚酰胺酸环化程度随时间的变化情况，其中环化程度可以按照式（2-1）计算。采用红外图谱测定聚酰胺酸的环化程度已经有相当多的文献报道[8, 12, 22]。图 2-9 显示了聚酰胺酸在 160℃条件下红外图谱随时间的变化情况，可见，酰亚胺的特征峰 1780 cm$^{-1}$、1380 cm$^{-1}$ 强度均得到了加强，而酰胺酸的特征峰 1660 cm$^{-1}$、1540 cm$^{-1}$ 以及 DMAc 的特征峰 1600 cm$^{-1}$、1410 cm$^{-1}$ 则随时间延长而减弱，表明含溶剂的聚酰胺酸在加热的条件下开始脱除溶剂并环化。还需

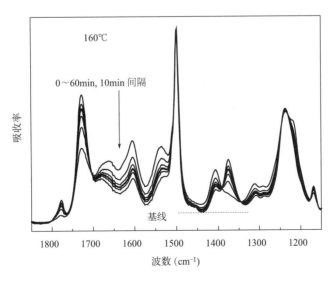

图 2-9　聚酰胺酸在 160℃恒温下红外图谱的变化

注意，虽然酰胺酸和 DMAc 的特征峰能够被指认出来，但由于环化初期，红外图谱中氢键的作用使得对应的特征峰都变得很宽，因此，计算酰胺酸和 DMAc 残余程度的精确性受到很大干扰。

以 PMDA—ODA 这一经典的聚酰亚胺环化反应为例，图 2-10 给出了该样品在不同温度下的环化程度随时间的变化情况，总体而言，环化程度随着时间的延长而增加，且温度的升高对环化程度的提升效应是相当明显的。研究发现，温度和时间对环化程度的影响符合 Kreuz 对聚酰胺酸热环化的描述，即热环化的过程可以分为两段：速率较快的初始阶段和速率较慢的慢速阶段。温度较低时，即使环化经历很长时间，环化也不可能达到很高的程度，且这两个阶段环化速率的差别不是很明显；随着时间延长，虽然速率降低了，但降低并不明显。当温度升高时，环化程度能得到明显的提升，这时两个阶段的区分就变得很明显。这就是所谓的聚酰胺酸热环化的"动力学中断"现象。在研究聚酰胺酸环化动力学方面，Kreuz 采用了两个一级反应方程来计算动力学参数[27]。

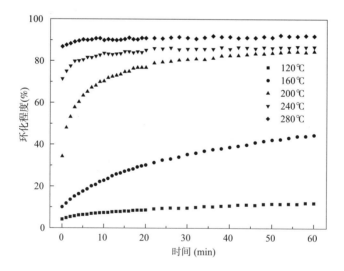

图 2-10  不同温度下聚酰胺酸环化程度的时间依赖性

一级反应的动力学方程可以用式（2-5）表达，其中 $k$ 为指定温度下的环化速率常数，$A$ 为指前因子，$E_{\beta}$ 为环化反应的表观活化能，$R$ 为气体常数，$T$ 为开尔文温度。环化初始阶段一级反应的线性拟合见图 2-11，慢速阶段动力学参数的实际应用价值不大，这里不做讨论，拟合得到的结果见表 2-4。

$$-\ln\,(1-\beta)=kt \text{ 或 } -\ln\,(1-\beta)=kt=A\mathrm{e}^{(-E_b/RT)}t \qquad\qquad 式（2-5）$$

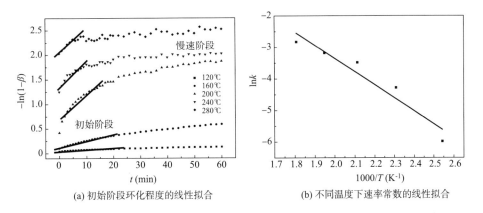

(a) 初始阶段环化程度的线性拟合　　　　　　(b) 不同温度下速率常数的线性拟合

图 2-11　环化程度的线性拟合结果

表 2-4　线性拟合与"sech"拟合的结果

| 参数 | 线性拟合 | "sech" 拟合 | | |
|---|---|---|---|---|
| | $k$（$\mathrm{min}^{-1}$） | $a$（$\mathrm{min}^{-1}$） | $b$（$\mathrm{min}$） | $c$ |
| 120℃ | 0.0025 | 0.0433 | 0.0022 | 0.133 |
| 160℃ | 0.0138 | 0.0524 | 0.0144 | 0.549 |
| 200℃ | 0.0307 | 0.0800 | 0.0606 | 1.825 |
| 240℃ | 0.0415 | 0.0845 | 0.0261 | 2.011 |
| 280℃ | 0.0592 | — | — | — |
| 表观活化能（kJ/mol） | 34.57 | 9.69 | — | — |
| 指前因子（$\mathrm{min}^{-1}$） | 143.34 | 2338 | — | — |

　　造成这种"动力学中断"现象的原因可以总结为两方面[29]：一是随着环化程度的增加，聚合物分子结构的刚性得到很大程度的增加，链段的运动受到限制，反应基团之间彼此难以靠近使反应速率下降；二是残留的溶剂起塑化作用，有利于聚酰胺酸分子构象的转变，而随着时间的延长，薄膜中残留溶剂逐渐变少，环化构象的转变变得困难，因此，环化速率降低。如果仅考虑初始阶段的环化动力学，这种说法可以很好地解释一级反应动力学模

型，但这个理论也存在一个问题，即如何从环化速率来区分这两个阶段。如前所述，温度较低时，环化速率变化并不大，而温度高时，环化速率的变化非常大，很可能是环化反应在非常短的时间内就完成了初始阶段而进入了慢速阶段。

Seo 借鉴 Bessono 的环化理论提出了一种新的环化动力学模型"sech"模型[30-31]，这个理论将聚酰胺酸分为"适合环化（favorable）"和"不适合环化（unfavorable）"两种状态，适合环化的聚酰胺酸在条件适合时会环化形成聚酰亚胺结构，而不适合环化的聚酰胺酸则需转化为适合环化的状态，然后进行环化。这个理论没有将环化反应区分成两个阶段，省去了确定两个阶段临界点的麻烦。"sech"模型的动力学方程如式（2-6）所示，其中 $a$ 表示环化速率常数，$b$ 表示不适合环化聚酰胺酸向适合环化聚酰胺酸转变的速率常数，$c$ 为常数。

$$-\ln(1-\beta)=-2b/a \cdot \arctan(e^{-at})+c; \quad \ln a=\ln A-E_A/RT \qquad 式（2-6）$$

图 2-12 为"sech"模型的动力学拟合结果，数据见表 2-2。显然不适合环化的聚酰胺酸向适合环化聚酰胺酸的转化会随着温度变高而加速，而且温度低时这种转化非常明显，而温度升高后，这种转化则没有那么明显，在280℃时"sech"模型甚至得不到一个合理的拟合结果。随着温度升高，环化反应速率增加，这可以从参数 $a$ 的增加得到验证。

对比上述两种动力学模型可以看出，"sech"模型对环化反应的描述更加准确，但是涉及的参数较多，不易精确求解。而二阶段一级线性模型则更简便，在不考虑慢速阶段的情况下，它非常适合用于计算和预测聚酰胺酸的环化程度。

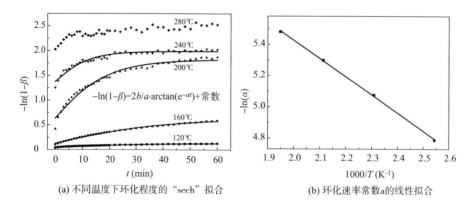

(a) 不同温度下环化程度的"sech"拟合　　(b) 环化速率常数a的线性拟合

图 2-12　环化程度的"sech"拟合

### 2.3.2　二维相关性分析（2D COS）

通过对聚酰胺酸的环化动力学分析，可以了解到聚酰胺酸薄膜是一种溶剂与聚合物的复合物，溶剂 DMAc 与聚酰胺酸的氢键络合作用较强，以至于在室温真空下无法完全被除去，只有温度升高才能导致 DMAc 与聚酰胺酸的解离，它通常伴随着聚酰胺酸的环化反应。这样则会导致新问题出现：升高温度时，溶剂与聚合物的解离反应和聚酰胺酸的环化反应有怎样的先后顺序，溶剂在环化过程中起着怎么样的作用？

Kreuz 曾在 20 世纪 60 年代提出了聚酰胺酸的环化机理[32]，认为聚酰胺酸上羧基与酰氨基团相邻很容易导致失水成环（图 2–13）。Kumar 等[33–34]推测聚酰胺酸酰胺上的氢有可能受到溶剂 DMAc 的诱导效应而在溶剂的帮助作用下失水成环（路线 A），也有可能先成环再脱去水分子（路线 B）。但由于实际光谱图中，DMAc 和酰胺酸的特征峰与其他峰重叠得特别严重，基线的干扰也导致无法通过分峰或者定量计算的方法准确测定其残余程度，因此，这个理论一直得不到证实。

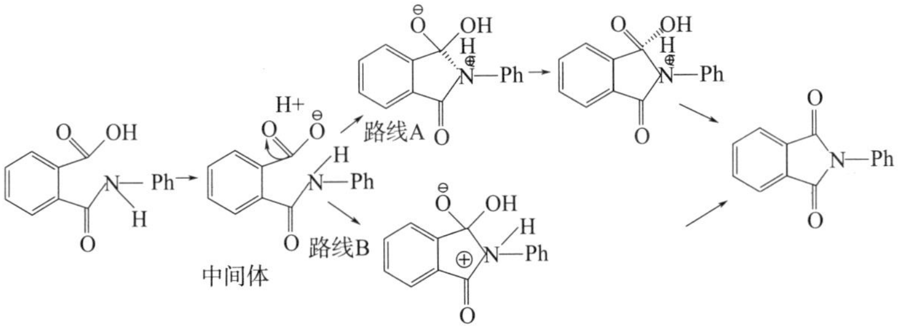

图 2–13　可能的热环化反应机理

一维（one-dimensional）红外无法解决这一问题，二维相关性分析可以提供一种非常好的解决方法[34–35]。简单来说，2D COS 提供了同步和异步分析图谱各一张，每张图谱都是一幅等高线的图谱，横纵轴都以一维坐标为基准，它更适于辨认互相重叠的红外图谱，能够提供在外界扰动如温度、时间的影响下，不同红外峰变化的先后顺序[36–37]。

为了回答这个问题，将温度作为扰动因子，采集聚酰胺酸在 50 ~ 350℃的红外图谱，进行二维相关性的数据处理。在 2DCOS 分析聚酰胺酸的环化过程前，还必须对热环化过程加以区分。前面提到了代表 DMAc 以及酰胺酸的红外特征峰都受到严重干扰，2200 ~ 3600 cm⁻¹ 范围的红外吸收峰可以确定是由聚酰胺酸中存在的氢键引起的。不论这种吸收峰是聚酰胺酸分子间氢键造成的，还是聚酰胺酸和 DMAc 氢键造成的，总体上这种氢键的强度可以表征 DMAc 和聚酰胺酸的残余程度，因为聚酰亚胺中不存在氢键作用。将 2200 ~ 3600 cm⁻¹ X—H 的吸收强度积分，然后扣除背景归一化后，即可得到 DMAc 和聚酰胺酸的残余程度（图 2-9）。当温度高于 250℃，可以看到 DMAc 和聚酰胺酸已基本没有参与，因此可以将 2D COS 分作两个部分：在溶剂辅助作用下的环化反应；高温下分子链运动导致的成环作用。这一种区分方法也可从 2D COS 中得到验证。

图 2-14 给出了聚酰胺酸薄膜红外图谱在 50 ~ 240℃范围内温度扰动情况下的同步和异步图。在图 2-14（a）中，同步图中沿对角线在 1776 cm⁻¹、1725 cm⁻¹、1608 cm⁻¹、1540 cm⁻¹、1410 cm⁻¹ 和 1370 cm⁻¹ 的位置上出现自相关峰，说明这些峰在温度扰动的情况下，其强度出现了明显的变化。对角线外的交叉峰则表明聚酰胺酸在 1776 cm⁻¹、1725 cm⁻¹ 和 1380 cm⁻¹ 处的强度变化不同于 1660 cm⁻¹、1608 cm⁻¹、1540 cm⁻¹ 和 1410 cm⁻¹，归属于聚酰亚胺的振动峰 1776 cm⁻¹、1725 cm⁻¹ 和 1380 cm⁻¹ 在增强而归属于酰胺酸和 DMAc 的振动峰则在减弱。

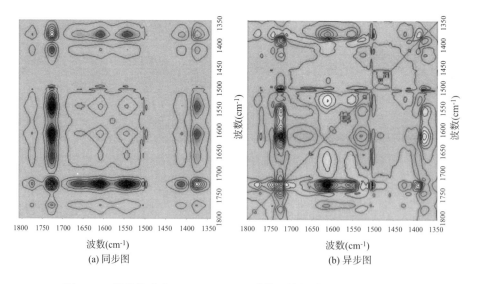

图 2-14 聚酰胺酸在 1300 ~ 1800 cm⁻¹ 的二维相关图（50 ~ 240℃）

　　图 2-14（b）则是 2D COS 中的异步图，分析起来比较复杂。在确定峰强变化次序之前，首先应该看到在异步图中 1540 cm$^{-1}$ 中的峰裂分成了两个部分，一个出现在 1550 cm$^{-1}$，另一个出现在 1525 cm$^{-1}$。根据 2DCOS 的读图规则，同步函数 $\varPhi$（1550，1525）> 0 且异步函数 $\psi$（1550，1525）> 0，说明聚酰胺酸在 1550 cm$^{-1}$ 峰处发生变化要先于 1525 cm$^{-1}$ 处峰的变化。根据上一节提到的聚酰胺酸中存在着两种状态的链节，一种适合成环环化，另一种不适合成环环化，有理由推测，适合环化的链节主要由对位结构组成，而不适合成环环化部分则由间位结构组成[38-40]。因此，可以认为 1550 cm$^{-1}$ 处的峰代表间位结构的聚酰胺酸链节，而 1525 cm$^{-1}$ 处的峰代表对位结构的聚酰胺酸链节，因为间位结构链节由于空间受阻，C—N—H 弯曲振动的频率要低于对位结构的。在异步图中有另外一个酰亚胺的特征峰（C—N 键）也出现了裂分，一个出现在 1365 cm$^{-1}$，另一个出现在 1385 cm$^{-1}$。根据读图规则，$\varPhi$（1385，1365）> 0 和 $\psi$（1385，1365）> 0 可以发现，峰在 1385 cm$^{-1}$ 处的变化要先于在 1365 cm$^{-1}$ 处的变化。对比即可发现，在 1385 cm$^{-1}$ 处的变化来源于对位链节的聚酰胺酸，而在 1365 cm$^{-1}$ 处的变化则来自间位链节的聚酰胺酸，一维红外中 1540 cm$^{-1}$ 处的峰是酰胺 II，即它是由 C—N 键振动引起的，这也能合理解释异步图中聚酰亚胺在 1380 cm$^{-1}$ 处峰的裂分。

　　从异步图中峰的裂分可以认为环化过程中对位和间位结构的聚酰胺酸的环化机理是不一致的。对于对位结构的聚酰胺酸来讲，图 2-14 所示的 $\varPhi$（1550，1380）< 0 和 $\psi$（1550，1380）< 0、$\varPhi$（1550，1775）< 0 和 $\psi$（1550，1775）< 0 表明峰在 1550 cm$^{-1}$ 处的变化要先于峰在 1380 cm$^{-1}$ 和 1775 cm$^{-1}$ 处的变化，这就说明，酰亚胺环的成环反应发生在酰胺酸消失之后。而 $\varPhi$（1410，1775）< 0 和 $\psi$（1410，1775）< 0、$\varPhi$（1410，1550）> 0 和 $\psi$（1410，1550）< 0 则表明 DMAc 的脱除发生于酰亚胺成环之前，但又在酰胺酸消失之后。对于间位结构的聚酰胺酸来说，情况则不同，2D COS 结果 $\varPhi$（1520，1380）< 0 和 $\psi$（1520，1380）> 0、$\varPhi$（1520，1775）< 0 和 $\psi$（1520，1775）> 0 表明 1520 cm$^{-1}$ 处的变化刚好与 1550 cm$^{-1}$ 处的变化相反，说明酰胺酸消失之前酰亚胺键就已经形成，这个结果与 Yu[41] 的结论一致。同样地，$\varPhi$（1410，1775）< 0 和 $\psi$（1410，1775）< 0、$\varPhi$（1410，1520）> 0 和 $\psi$（1410，1520）< 0 也说明环化过程反应发生的先后次序是溶剂的脱除，然后是酰亚胺环的生成，最后是酰胺酸的消失。

　　对位结构聚酰胺酸的环化机理可以用图 2-13 中的路线 A 来表示，在加热过程中，酰胺上的氢非常不稳定，使得 C—N—H 弯曲振动在溶剂脱除之前就已经消失了。然而对于处于间位结构的聚酰胺酸链节来讲，由于空间位阻的影响，酰胺上的氢较为稳定，需要很大能量才会从酰胺上转移，这种转移会发生在DMAc脱除之后，这时体系就具备较高的能量使氢发生转移，环化成环之后酰胺酸才消失，这种反应机理可以由图2-13中的路线B来表述。因此，可以合理地推断，在升温的时候，聚酰胺酸主要通过路线A来实现环化成环。而路线B适于更高温度下聚酰胺酸的环化反应，这是因为适于成环的聚酰胺酸早已完成环化反应，剩下这些不利于成环的聚酰胺酸（主要是间位结构）需要在较高温度下才能完成环化反应，聚合物链段刚性增加导致基团之间碰撞受阻且失去了溶剂作为辅助成环的一种手段，这些原因使路线B成为难以环化成环的聚酰胺酸完成环化反应的唯一途径。

聚酰胺酸在250 ~ 350℃的2DCOS如图2-15所示，图2-15（a）同步图中酰胺和羧基的C—O振动峰几乎完全消失，可以推测出高于250℃时DMAc和酰胺酸几乎被消耗殆尽。虽然在1780 cm$^{-1}$和1720 cm$^{-1}$处也能观察到微弱的自相关峰，但自相关峰只有在1375 cm$^{-1}$处很明显，说明这时酰亚胺C—N键的强度变化比较明显。同步图中，高温下聚酰胺酸苯环峰强的变化要比低温下的更为显著，苯环在1500 cm$^{-1}$处也产生了裂分，这种裂分可能是由苯环所处的不同化学环境引起的，换句话说可能是高温下酸酐单体和二胺单体中苯环的骨架振动的差别引起的。

尽管同步图中很难看出酰胺的存在，但在图2-15（b）所示异步图却能

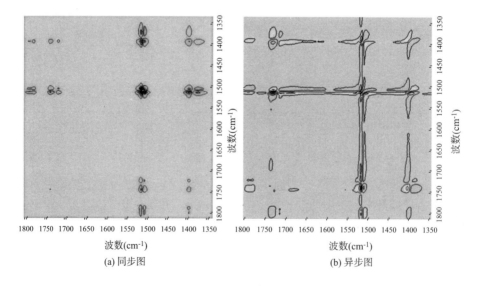

(a) 同步图　　　　　　　　　　　　(b) 异步图

图2-15　聚酰胺酸在1300 ~ 1800 cm$^{-1}$的二维相关图（250 ~ 350℃）

看到基于 1520 cm⁻¹ 处的交叉峰。根据读图规则 $\psi$（1375，1520）$> 0$ 可以推断出酰胺在 1520 cm⁻¹ 处峰强的变化发生在酰亚胺 1375 cm⁻¹ 峰的变化之后，这也能说明，在高温下，路线 B 成了聚酰胺酸成环环化的唯一途径，同时也验证了其在低温下环化成环的结论。

### 2.3.3　温度及化学结构对环化速率的影响

　　作为一种化学反应，聚酰胺酸的环化过程受温度的影响较为明显。图 2-16 给出了 PMDA—BPDA—ODA 一系列共聚结构在不同温度下从聚酰胺酸转化为聚酰亚胺的环化反应随时间的变化关系，相应的环化反应动力学参数列于表 2-5 中。很明显，聚酰胺酸在较低的温度下（160℃）环化反应速率及环化程度都较低；当温度升到 200℃ 以上时，环化程度急剧升高。此外，化学结构对环化反应也存在一定影响，均聚的聚酰胺酸（PAA-0）环化速率最高的温度在 220 ℃，而共聚的聚酰胺酸（PAA-3）环化速率最大处则在 230 ℃，并且在 200 ℃ 之前，环化程度曲线几乎重合，说明了 BPDA 的加入

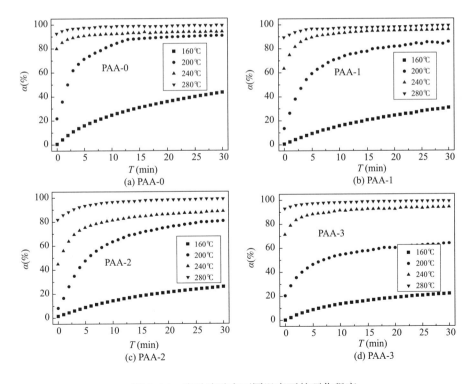

图 2-16　聚酰胺酸在不同温度下的环化程度

对温度低于 200 ℃ 的聚酰胺酸的环化体系影响很小，而当温度在 200～230 ℃ 的时候，均聚的聚酰胺酸的环化速率大于共聚的聚酰胺酸，在 230～250 ℃ 时共聚聚酰胺酸的环化速率大于均聚的聚酰胺酸。与 PMDA 相比，BPDA 的分子链相对柔性，当温度小于 230 ℃ 时，环化程度较低，BPDA 对聚酰胺酸主链的柔性影响较小，而当温度升高到一定程度后，环化程度也达到了较高的程度，BPDA 对主链柔性的影响就变得越发明显，大分子链的柔性增加，从而使得环化速率增加。这与文献的报道一致[42-43]，即聚酰胺酸的环化速率与大分子链的柔性有关，刚性的分子链会降低聚酰胺酸的环化速率。

表 2-5　PMDA—BPDA—ODA 化学结构的聚酰胺酸环化反应动力学拟合参数

|  | PI-0<br>$m=10$, $n=0$ | PI-2<br>$m=9$, $n=1$ | PI-3<br>$m=8$, $n=2$ | PI-4<br>$m=7$, $n=3$ |
|---|---|---|---|---|
| 160℃ | 0.022 | 0.013 | 0.011 | 0.007 |
| 200℃ | 0.060 | 0.045 | 0.042 | 0.027 |
| 240℃ | 0.1200 | 0.094 | 0.083 | 0.070 |
| 280℃ | 0.162 | 0.132 | 0.120 | 0.104 |
| 表观活化能（kJ/mol） | 33.6 | 39.3 | 40.2 | 44.7 |
| 指前因子（$min^{-1}$） | 277 | 812 | 897 | 2070 |

注　化学结构为 。

# 参考文献

［1］SVETLICHNYI V, KALNIN'SH K, KUDRYAVTSEV V, et al. Charge transfer complexes of aromatic dianhydrides［J］. Doklady Akademii Nauk SSSR（Engl Transl）, 1977, 237: 612-615.

［2］丁孟贤. 聚酰亚胺——化学、结构与性能的关系及材料［M］. 北京：科学出版社, 2006.

［3］ZUBKOV V, KOTON M, KUDRYAVTSEV V, et al. Quantum chemical-analysis of reactivity of aromatic diamines in acylation by phthalic-anhydride［J］. Zhurnal Organicheskoi Khimii, 1981, 17（8）: 1682-1688.

［4］VOLKSEN W, COTTS P, YOON D. Molecular weight dependence of mechanical properties of poly（p,p'-oxydiphenylene pyromellitimide）films［J］. Journal of Polymer

Science Part B-Polymer Physics, 1987, 25 (12): 2487-2495.

[ 5 ] BESSONOV M I, ZUBKOV V A. Polyamic acid and polyimides: Synthesis, transformatons and structure [ M ]. CRC Press, 1993.

[ 6 ] YANG CP, HSIAO SH. Effects of various factors on the formation of high molecular weight polyamic acid [ J ]. Journal of Applied Polymer Science, 1985, 30 ( 7 ): 2883-2905.

[ 7 ] FROST L, KESSE I. Spontaneous degradation of aromatic polypromellitamic acids [ J ]. Journal of Applied Polymer Science, 1964, 8 ( 3 ): 1039-1051.

[ 8 ] KARDASH I Y, LIKHACHEV D Y, NIKITIN N V, et al. Plasticizing effect of the solvent during thermal solid-phase cyclization of aromatic polyamide acids to polyimides [ J ]. Polymer Science U.S.S.R, 1985, 27 ( 8 ): 1961-1967.

[ 9 ] KREUZ J A, ENDREY A, GAY F, et al. Studies of thermal cyclizations of polyamic acids and tertiary amine salts [ J ]. Journal of Polymer Science Part A-Polymer Chemistry, 1966, 4 ( 10 ): 2607-2616.

[ 10 ] BREKNER M J, FEGER C. Curing studies of a polyimide precursor. II. Polyamic acid [ J ]. Journal of Polymer Science Part A-Polymer Chemistry, 1987, 25 ( 9 ): 2479-2491.

[ 11 ] PRYDE C A. IR studies of polyimides. I. Effects of chemical and physical changes during cure [ J ]. Journal of Polymer Science Part A-Polymer Chemistry, 1989, 27 ( 2 ): 711-724.

[ 12 ] PRYDE C. FTIR studies of polyimides. II. Factors affecting quantitative measurement [ J ]. Journal of Polymer Science Part A-Polymer Chemistry, 1993, 31 ( 4 ): 1045-1052.

[ 13 ] ANTHAMATTEN M, LETTS S A, DAY K, et al. Solid-state amidization and imidization reactions in vapor-deposited poly ( amic acid )[ J ]. Journal of Polymer Science Part A-Polymer Chemistry, 2004, 42 ( 23 ): 5999-6010.

[ 14 ] SHIN T J, REE M. Thermal imidization and structural evolution of thin films of poly ( 4,4'-oxydiphenylene p-pyromellitamic diethyl ester )[ J ]. Journal of Physical Chemistry B, 2007, 111 ( 50 ): 13894-13900.

[ 15 ] HSU T C J, LIU Z L. Solvent effect on the curing of polyimide resins [ J ]. Journal of Applied Polymer Science, 1992, 46 ( 10 ): 1821-1833.

[ 16 ] STATHEROPOULOS M, KYRIAKOU S, TZAMTZIS N. Performance evaluation of a TG/MS system [ J ]. Thermochimica Acta, 1998, 322 ( 2 ): 167-173.

[ 17 ] WORASUWANNARAK N, SONOBE T, TANTHAPANICHAKOON W. Pyrolysis behaviors of rice straw, rice husk, and corncob by TG-MS technique [ J ]. Journal of Analytical and Applied Pyrolysis, 2007, 78 ( 2 ): 265-271.

[ 18 ] PERNG L H, TSAI C J, LING Y C. Mechanism and kinetic modelling of PEEK pyrolysis by TG/MS [ J ]. Polymer, 1999, 40 ( 26 ): 7321-7329.

[ 19 ] KREUZ J A, ENDREY A, GAY F, et al. Studies of thermal cyclizations of polyamic acids and tertiary amine salts [ J ]. Journal of Polymer Science Part A-Polymer Chemistry, 1966, 4 ( 10 ): 2607-2616.

[ 20 ] 董军营，李琳，陈安亮，等. 酰亚胺低温热解炭膜的制备及气体分离性能 [ J ]. 膜科学与技术，2016，6（32）：22–27.

[ 21 ] JOHNSON C, WUNDER S. FT–Raman investigation of the thermal curing of PMDA/ODA polyamic acids [ J ]. Journal of Polymer Science Part B–Polymer Physics, 1993, 31（6）: 677–692.

[ 22 ] SHIN T J. In situ infrared spectroscopy study on imidization reaction and imidization–induced refractive index and thickness variations in microscale thin films of a poly（amic ester）[ J ]. Langmuir, 2005, 21（13）: 6081–6085.

[ 23 ] SNYDER R W, THOMSON B, BARTGES B, et al. FTIR studies of polyimides : thermal curing [ J ]. Macromolecules, 1989, 22（11）: 4166–4172.

[ 24 ] DONG J, OZAKI Y, NAKASHIMA K. Infrared, Raman, and near–infrared spectroscopic evidence for the coexistence of various hydrogen–bond forms in poly（acrylic acid）[ J ]. Macromolecules, 1997, 30（4）: 1111–1117

[ 25 ] SEO Y, LEE S M, KIM D Y, et al. Kinetic study of the imidization of a poly（ester amic acid）by FT–Raman spectroscopy [ J ]. Macromolecules, 1997, 30（13）: 3747–3753.

[ 26 ] SEO Y. Modeling of imidization kinetics [ J ]. Polymer Engineering and Science, 1997, 37（5）: 772–776.

[ 27 ] KREUZ J A, ENDREY A, GAY F, et al. Studies of thermal cyclizations of polyamic acids and tertiary amine salts [ J ]. Journal of Polymer Science Part A–Polymer Chemistry, 1966, 4（10）: 2607–2616.

[ 28 ] JOHNSON C, WUNDER S. FT–Raman investigation of the thermal curing of PMDA/ODA polyamic acids [ J ]. Journal of Polymer Science Part B–Polymer Physics, 1993, 31（6）: 677–692.

[ 29 ] SEO Y, LEE S M, KIM D Y, et al. Kinetic study of the imidization of a poly（ester amic acid）by FT–Raman spectroscopy [ J ]. Macromolecules, 1997, 30（13）: 3747–3753.

[ 30 ] SEO Y. Modeling of imidization kinetics [ J ]. Polymer Engineering and Science, 1997, 37（5）: 772–776.

[ 31 ] KUMAR D. Structure of aromatic polyimides [ J ]. Journal of Polymer Science Part A–Polymer Chemistry, 1980, 18（4）: 1375–1385.

[ 32 ] KUMAR D. Condensation polymerization of pyromellitic dianhydride with aromatic diamine in aprotic solvent : A reaction mechanism [ J ]. Journal of Polymer Science Part A–Polymer Chemistry, 1981, 19（3）: 795–805.

[ 33 ] NODA I. Generalized two–dimensional correlation method applicable to infrared, Raman, and other types of spectroscopy [ J ]. Applied Spectroscopy, 1993, 47（9）: 1329–1336.

[ 34 ] NODA I, DOWREY A, MARCOTT C, et al. Generalized two–dimensional correlation spectroscopy [ J ]. Applied Spectroscopy, 2000, 54（7）: 236A–248A.

[ 35 ] OZAKI Y, LIU Y, NODA I. Two–dimensional infrared and near–infrared correlation spectroscopy : Applications to studies of temperature–dependent spectral variations of self–associated molecules [ J ]. Applied Spectroscopy, 1997, 51（4）: 526–535.

[ 36 ] GREGORIOU V G, CHAO J L, TORIUMI H, et al. Time–resolved vibrational

spectroscopy of an electric field-induced transition in a nematic liquid crystal by use of step-scan 2D FT-IR [ J ]. Chemical Physics Letters, 1991, 179（5）: 491-496.

[ 37 ] DENISOV V, SVETLICHNYI V, GINDIN V, et al. The isomeric composition of poly（acid）amides according to $^{13}$C-NMR spectral data [ J ]. Polymer Science USSR, 1979, 21（7）: 1644-1650.

[ 38 ] SHIBAYEV L A, DAUENGAUER S A, STEPANOV N G, et al. Effect of hydrogen bonds on the solid phase cyclodehydration of polyamic acids [ J ]. Polymer Science USSR, 1987, 29（4）: 875-881.

[ 39 ] KONIECZNY M, XU H, BATTAGLIA R, et al. Curing studies of the *meta*, *para* and 50/50 mixed isomers of the ethyl ester of 4,4'-oxydianiline/pyromellitic dianhydride polyamic acid [ J ]. Polymer, 1997, 38（12）: 2969-2979.

[ 40 ] YU K H, YOO Y H, RHEE J M, et al. Two-dimensional Raman correlation spectroscopy study of the pathway for the thermal imidization of poly（amic acid）[ J ]. Bulletin of The Korean Chemical Society, 2003, 24（3）: 357-362.

[ 41 ] 程茹, 郭立红, 王伟, 等. 聚酰胺酸薄膜热环化过程热分析 [ J ]. 塑料工业, 2005,（12）: 32-34.

# 第3章　纤维的湿法成型及微结构调控

## 3.1　湿法纺丝成型原理

湿法纺丝通常通过相分离实现纤维的凝固成型。纺丝原液经喷丝组件进入凝固浴中，由于体系热力学的不平衡，溶剂与凝固剂发生双扩散，即溶剂从纺丝原液中通过扩散作用进入凝固浴，而凝固剂则由凝固浴向纺丝液内部扩散，随着纺丝原液中凝固剂含量的增加，体系原有的热力学平衡态被破坏，纺丝原液通过相分离减小体系的自由能，聚合物纤维在凝固浴中逐渐凝固成型。因此，湿法纺丝制备聚合物纤维主要涉及非溶剂/溶剂/聚合物三元体系的相平衡和相转变，研究该过程的热力学平衡过程，是探究溶液纺丝成型机理的重要手段。

聚酰胺酸初生纤维的性能直接影响聚酰亚胺纤维的强度，当纤维进入凝固浴开始双扩散过程时，其驱动力为浓度差，扩散速度可由 Fick 扩散方程表征，见式（3-1）。

$$J=D\frac{\mathrm{d}C}{\mathrm{d}z} \qquad \text{式（3-1）}$$

式中：$J$ 为扩散速率 $[\mathrm{mol}/(\mathrm{s}\cdot\mathrm{m}^2)]$，$D$ 为扩散系数（$\mathrm{m}^2/\mathrm{s}$），$\mathrm{d}C/\mathrm{d}z$ 为浓度梯度 $[\mathrm{mol}/(\mathrm{m}^3\cdot\mathrm{m})]$。可以看出，不同结构的纺丝液与凝固浴的相互作用不同，导致其扩散系数 $D$ 不同。纺丝液的浓度均超过 10%，因此，浓度梯度 $\mathrm{d}C/\mathrm{d}z$ 仅仅取决于凝固浴中凝固剂与溶剂的配比。

聚酰胺酸纤维的成型可以采用湿法纺丝技术路线进行研究，纺丝设备和过程如图 3-1 所示。聚酰胺酸浆液在高压空气压力作用下，经计量泵进一步加压通过喷丝头（50 孔，直径 80 μm）进入凝固浴中，经过双扩散过程凝固成形，随后经过两道水浴，除去残留的溶剂，卷绕成形，随后将 PAA 初生纤维置于 60℃真空烘箱中 24 h，以充分除去残余溶剂。分别采用水/DMAc、乙醇/DMAc 以及乙二醇/DMAc 三种混合凝固浴进行湿法纺丝成型，以研究凝固浴对纤维成形及性能的影响，采用扫描电子显微镜（SEM）对不同成形条件下的 PAA 初生纤维的表面及断面进行观察，以确定纺丝的最佳条件。

## 3.2　相分离及三元相图

　　湿法纺丝成型过程是非溶剂 / 溶剂 / 聚合物三元体系的相平衡和相转变过程，这一过程直接影响纤维的微观形貌，从而对纤维的最终性能产生重要影响。对于特定组成的聚合物纺丝原液，凝固浴的组成和温度是影响纤维成型最重要的两个因素。作为研究非溶剂 / 溶剂 / 聚合物三元体系相分离的重要手段之一，三元相图已经被用于研究聚丙烯腈纤维[1]、纤维素纤维[2]及 P84 纤维[3]等纤维的湿纺成型，具有一定的指导作用。对于聚合物体系来说，Flory–Huggins 模型是最广泛使用的热力学理论，将其扩展到非溶剂 / 溶剂 / 聚合物三元体系，可绘制三元相图，包括双节线、旋节线和临界点[4-5]。另外，利用浊点滴定的方法可以得到非溶剂 / 溶剂 / 聚合物三元体系在低浓度聚合物体系的相图情况，可以与理论进行对比研究。

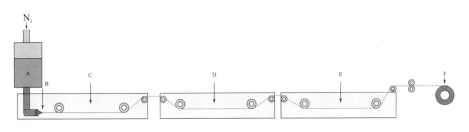

图 3–1　聚酰胺酸纤维的湿法纺丝成型过程示意图

A—纺丝溶液　B—喷丝板　C—凝固浴　D—水洗浴 1　E—水洗浴 2　F—卷绕辊

　　尽管诸多学者对聚酰亚胺纤维的成型和性能做过广泛研究，但是关于非溶剂 / 溶剂 /PAA 三元体系的热力学研究相对较少，尤其是对主链含有杂环的聚酰胺酸体系。可利用基团贡献法分别计算水 /DMAc、乙醇 /DMAc 以及乙二醇（EG）/DMAc 二元体系的相互作用参数 $g_{12}$，利用 Hansen 溶度参数理论计算 DMAc/PAA 以及非溶剂 /PAA 体系的相互作用参数 $\chi_{13}$ 和 $\chi_{23}$，根据 Flory–Huggins 热力学理论计算水 /DMAc/PAA、乙醇 /DMAc/PAA 以及 EG/DMAc/PAA 三元体系的理论相图。同时，采用浊点滴定的方法，计算低浓度聚合物条件下的三元体系对应的热力学平衡组分。选取适当的凝固浴条件进行湿纺实验，探究不同凝固浴条件对聚酰胺酸纤维的成型、微观形貌及力学性能的影响，这些理论和实验研究结果能够为纤维的稳定成型提供基础数据支撑。

### 3.2.1 非溶剂/溶剂相互作用参数 $g_{12}$

非溶剂/溶剂相互作用参数 $g_{12}$，通常具有浓度依赖性。根据文献报道，就水/DMAc 体系而言，有多种 $g_{12}$ 值的设定，使用最广泛的是 Carli 等人[6] 通过气液平衡实验获得的结果，在绘制水/DMAc/聚砜体系的三元相图发挥了重要作用；Pesek 等人[7]用另一组气液平衡数据，得到了一组新的 $g_{12}$ 的值；Barzin 等人[8]则尝试用两种不同的 $g_{12}$ 值计算水/DMAc/聚醚砜三元体系的相图，结果大相径庭。因此，目前对于水/DMAc 二元体系相互作用参数的选择仍没有统一的标准。

为确保数据的一致性，根据聚酰胺酸/DMAc 聚合物体系的特点，本文统一采用基团贡献法计算非溶剂/溶剂的相互作用参数，结果如图 3-2 所示。显而易见，乙醇/DMAc 和乙二醇/DMAc 体系的二元相互作用参数随着 DMAc 含量的增加而降低，而水/DMAc 体系则呈现相反的规律，这与 Altena 等人[9]的研究结果一致。水/DMAc 体系的结果与 Pesek 等人[10]的结果很吻合，尤其当 DMAc 含量低于 50% 时，这进一步说明基团贡献法是计算 $g_{12}$ 值的有效手段。乙醇/DMAc 和乙二醇/DMAc 体系的 $g_{12}$ 值非常接近，而水/DMAc 体系的值则高很多。这说明相对水/DMAc 体系而言，乙醇/DMAc 和

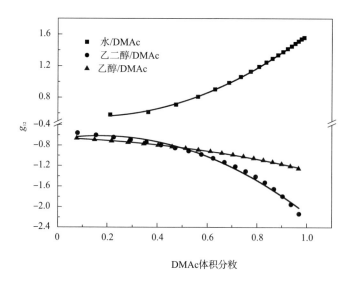

图 3-2　由基团贡献法计算的水/DMAc、乙醇/DMAc 和乙二醇/DMAc 体系的 $g_{12}$ 的值

乙二醇 /DMAc 体系具有更好的互容性。对图 3-2 所示的曲线进行拟合，可得到 $g_{12}$ 值的表达式，列于表 3-1 中。对于水 /DMAc 体系，加入了文献中的典型结果以作比较[11-12]，其中 $u_2$ 表示 DMAc 的体积分数。

表 3-1　具有浓度依赖性的非溶剂 / 溶剂相互作用参数值 $g_{12}$ 的表达式

| 体系类型 | $g_{12}$ |
|---|---|
| 水 /DMAc | $0.892-0.591u_2+0.282u_2^2$ [11] |
| | $0.185+0.155u_2-1.02u_2^2+1.79u_2^3-1.1u_2^4$ [12] |
| | $0.814-2.16u_2+5.85u_2^2-4.52u_2^3+1.60u_2^4$ |
| 乙二醇 /DMAc | $-0.563+0.24u_2-3.66u_2^2+5.85u_2^3-4.17u_2^4$ |
| 乙醇 /DMAc | $-0.639-0.289u_2-3.16u_2^2-0.248u_2^3-0.298u_2^4$ |

### 3.2.2　非溶剂 /PAA 和 DMAc/PAA 相互作用参数 $\chi_{13}$ 和 $\chi_{23}$

根据 Hansen 溶度参数理论，可计算非溶剂 /PAA 和 DMAc/PAA 二元体系的相互作用参数 $\chi_{13}$ 和 $\chi_{23}$，所用方程见式（3-2）。

$$\chi_{12}=\alpha\frac{V_1}{RT}\left[(\delta_{d1}-\delta_{d2})^2+0.25(\delta_{p1}-\delta_{p2})^2+0.25(\delta_{h1}-\delta_{h2})^2\right]　　　式（3-2）$$

式中：$\delta_d$，$\delta_p$ 和 $\delta_h$ 分别是色散力、极性力和氢键作用力，$\alpha$ 为常数，一般取 0.6[12]。

在该计算方法中，需要知道各个组分的溶度参数。其中，DMAc、水、乙醇和乙二醇的溶度参数可直接通过文献查得[13]，而 PAA 的溶度参数可通过 Hoy 计算方法得到[12]。根据聚酰胺酸的化学结构，PAA 可分为表 3-2 所列的几个基团。通过 Hoy 算法可得到 PAA 的溶度参数，DMAc、乙醇、水、乙二醇和 PAA 的溶度参数值见表 3-3。

根据式（3-2）以及 DMAc、乙醇、水、乙二醇和 PAA 的溶度参数值，非溶剂 / 聚合物二元体系，水 /PAA、乙醇 /PAA 和乙二醇 /PAA 二元体系的相互作用参数 $\chi_{13}$，以及溶剂 / 聚合物体系 DMAc/PAA 的相互作用参数 $\chi_{23}$ 计算结果列于表 3-4 中。$\chi_{23}$ 的值为 0.14，表明 DMAc 是 PAA 的良好溶剂（相互作用参数 $\chi<0.5$ 则表明两相体系具有较好的相容性）。值得注意的是，乙醇 /PAA 体系的相互作用参数异常小，为 0.28，表明与其他两种非溶剂相比，乙醇的凝固作用较弱，而水则表现出较强的凝固作用。

表 3-2　基团的贡献值

| 基团 | 数量 | $F_{ti}[(MJ/m^\delta)^{0.5}/mol]$ | $F_{pi}[(MJ/m^\delta)^{0.5}/mol]$ | $V_i$（$cm^3/mol$） | $\Delta T_i(p)$ |
|---|---|---|---|---|---|
| —CH= | 14 | 249 | 59.5 | 13.2 | 0.019 |
| >C= | 11 | 173 | 63 | 7.2 | 0.013 |
| —CONH | 2 | 1131 | 895 | 28.3 | 0.073 |
| —COOH | 2 | 565 | 415 | 23.3 | 0.045 |
| =N— | 1 | 125 | 125 | 12.6 | 0.014 |
| —NH— | 1 | 368 | 368 | 11.0 | 0.031 |

注　$F_{ti}$：摩尔吸引常数；$F_{pi}$：极性基团摩尔吸引常数；$V_i$：重复的摩尔体积[12]。

表 3-3　DMAc、乙醇、水、乙二醇和 PAA 的溶度参数值

| 组分 | $\delta_d$（$MPa^{1/2}$） | $\delta_p$（$MPa^{1/2}$） | $\delta_h$（$MPa^{1/2}$） | $\delta$（$MPa^{1/2}$） | $V$（$mL/mol$） |
|---|---|---|---|---|---|
| DMAc | 16.8 | 11.5 | 10.2 | 22.8 | 92.5 |
| 水 | 15.5 | 16.0 | 42.3 | 47.8 | 18.0 |
| 乙醇 | 15.8 | 8.8 | 19.4 | 26.5 | 58.5 |
| 乙二醇 | 17.0 | 11.0 | 26.0 | 33.0 | 55.8 |
| PAA | 15.3 | 14.7 | 12.7 | 24.7 | — |

表 3-4　DMAc/PAA 和非溶剂 /PAA 体系在 27 ℃的相互作用参数

| 二元体系相互作用参数 | DMAc/PAA | 水 /PAA | 乙醇 /PAA | 乙二醇 /PAA |
|---|---|---|---|---|
| $\chi_{13}$ 或 $\chi_{23}$ | 0.14 | 0.95 | 0.28 | 0.68 |

### 3.2.3　非溶剂 /DMAc/PAA 体系的三元相图绘制

图 3-3 为水 /DMAc/PAA、乙醇 /DMAc/PAA 以及乙二醇 /DMAc/PAA 三元体系的浊点滴定结果。如图 3-3 所示，乙二醇 /DMAc/PAA 体系和水 /DMAc/PAA 体系的浊点结果较为接近，且皆靠近聚合物—溶剂轴，这说明与乙醇相比，少量的乙二醇或者水就能使 PAA 凝固成型。

对比表 3-4 中水 /PAA、乙醇 /PAA 和乙二醇 /PAA 二元体系的 $\chi_{13}$ 值表明，乙醇的凝固能力最弱，因此，在三元相图中，乙醇 /DMAc/PAA 体系会呈现更大的均相区域，这与图 3-4 所示的结果一致。然而，水 /PAA 体系的 $\chi_{13}$ 值比乙二醇 /PAA 体系高，凝固能力更强，均相区域应该相对较小，但

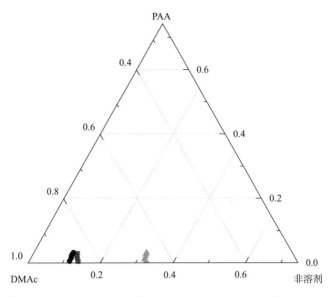

图 3-3　水 /DMAc/PAA（■）、乙醇 /DMAc/PAA（▲）和乙二醇 /DMAc/PAA（●）
体系在 27 ℃时的浊点数据

结果却相反。这可能是由于二者的溶剂 / 非溶剂相互作用参数不同引起的，根据前文所述，乙二醇 /DMAc 体系的溶剂 / 非溶剂相互作用参数远低于水 /DMAc 和乙醇 /DMAc 体系，说明乙二醇 /DMAc 体系具有更好的相容性，由于溶剂与非溶剂之间的相互作用较强，可促进纺丝原液内溶剂向凝固浴的扩散作用，促进凝固成型。因此，出现图 3-4 中所示的乙二醇 /DMAc/PAA 体系的浊点结果更靠近聚合物—溶剂轴的情况是合理的。

　　根据前文计算得到的二元相互作用参数，结合 Flory-Huggins 溶液理论，水 /DMAc/PAA、乙醇 /DMAc/PAA 以及乙二醇 /DMAc/PAA 三元体系在 27℃ 的双节线和旋节线曲线（图 3-4）被分为三个区域：一是聚合物—溶剂轴和双节线（spinodal line）之间为均相区；二是双节线（spinodal line）—旋节线（binodal line）组成亚稳态区；三是旋节线和非溶剂—聚合物轴组成非稳态区，也称为固—液两相区，在该区域极小的组分改变或扰动可导致体系自由能的改变，自发连续地发生相分离过程。通过双节线和旋节线之间的亚稳态区域发生相分离的路径命名为路径 A，而经过低于临界点区域发生相分离的路径命名为路径 B。一般而言，路径 A 对应的分离机制称为成核生长分离，而路径 B 对应的则为旋节分离。对于成核生长分离机制而言，微相在基体中成核生长，形成聚合物贫相均匀分散在连续的聚合物富相基体中的两相结构。在这种情况下，可得到微孔较少、致密均一的聚合物纤维，导致纤维的

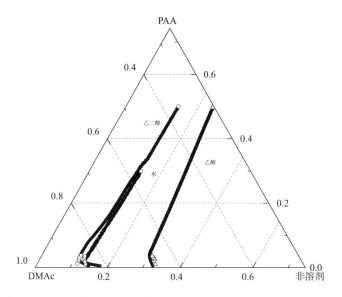

图 3-4　水 /DMAc/PAA（□）、乙二醇 /DMAc/PAA（○）以及乙醇 /DMAc/PAA（△）
三元体系的理论双节线曲线

机械性能较好。当溶剂和非溶剂的交换速率较快时，引起各组分比例迅速改变，进入临界点下方的非稳定两相区域，此时体系则会发生旋节分离，旋节分离则会促使形成相互穿插的非连续结构，因此，该条件下制备的聚合物纤维则会出现较大的孔洞，机械性能较差。

　　从图 3-5 中可以看到，在三种非溶剂体系中，体系的临界点对应的聚合物浓度皆低于 5%，远远低于纺丝原液的浓度（15%），随着扩散的进行，体系中的聚合物浓度只会进一步增加，因此，在该实验范围内，各个体系都发生成核生长分离，原液细流会从临界点上方进入亚稳态区域，发生贫相成

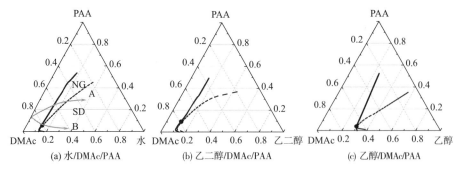

图 3-5　三元体系的理论相图 A 和 B 为相分离的路径示意图，——为双节线，---
为旋节线，•为临界点

核，聚合物富相为连续相，有利于制备结构致密的聚酰胺酸初生纤维。同时，当非溶剂为乙醇时，相图中的旋节线向非溶剂—聚合物轴靠近，亚稳态区域明显增大，有利于对纺丝过程中的纤维成型进行结构调控。一般而言，对于相同的纺丝原液，更长的亚稳态区域使成型更加缓和，有利于微观结构的调控和均匀致密微结构的形成。

## 3.3　初生纤维微结构调控

由理论相图和浊点滴定的结果可知，对于相同的聚合物纺丝原液，在不同的凝固浴条件下会发生不同的相分离过程，直接影响纤维的微观结构和最终性能。图 3-6 给出 BPDA—BIA/DMAc 纺丝溶液在不同的凝固浴组成条件

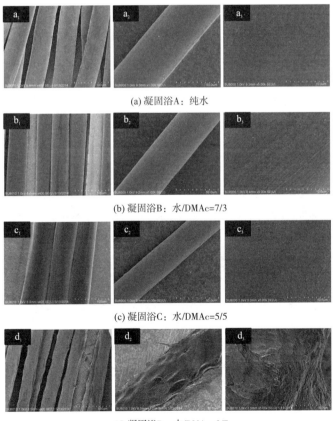

(a) 凝固浴A：纯水

(b) 凝固浴B：水/DMAc=7/3

(c) 凝固浴C：水/DMAc=5/5

(d) 凝固浴D：水/DMAc=3/7

图 3-6　不同凝固浴生成的 PAA 初生纤维表面的扫描电镜图

下制备的一系列聚酰胺酸初生纤维的表面形态，其中，凝固浴 A、B、C 和 D 所对应的水 /DMAc 的体积比分别为 10/0、7/3、5/5 和 3/7。很明显，随着凝固浴中 DMAc 含量的增加，聚酰胺酸初生纤维表面越来越粗糙，从高分辨率 SEM 图中可以看到，在凝固浴 A、B 和 C 条件下制备的纤维表面致密、微孔和缺陷较少，而凝固浴 D 条件下制备的纤维则严重变形，产生很多褶皱，类似树皮表面般粗糙。我们认为，凝固浴中非溶剂含量增多，加速纺丝原液的凝固成形，纤维表面首先形成致密的结构，因此较光滑；而当凝固浴中非溶剂含量较少时（如凝固浴 D），体系凝固过于缓慢，在后续导丝过程中，表面容易被破坏而形成缺陷。

　　将所制备初生纤维在液氮中脆断，以观察纤维内部的微观结构（图 3-7）可知，所制备的初生纤维未观察到明显的皮芯结构，在凝固浴 A 和凝固浴 B 条件下，纤维断面呈肾形，而在凝固浴 C 和凝固浴 D 条件下，纤维断面为圆形。Ziabicki 等人[14]认为，这可能是由于在凝固浴 A 和凝固浴 B 中，纤维表面迅速形成致密的表面结构，纤维内部残留大量的溶剂 DMAc，而无法扩散进入凝固浴中，在后续导丝过程中，当纤维内部的海绵状区域无法承受大量溶剂从内部流出时，会引起纤维表面坍塌收缩，形成肾形结构。相反，在凝固强度较低时，纤维表面成型较慢，内部的溶剂有充足的时间向凝固浴中扩散，有利于形成较为致密均匀的圆形截面。此外，相关研究表

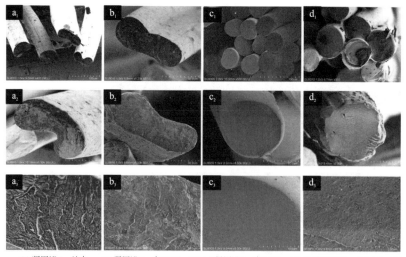

(a) 凝固浴A：纯水　　(b) 凝固浴B：水/DMAc=7/3 (c) 凝固浴C：水/DMAc=5/5 (d) 凝固浴D：水/DMAc=3/7

图 3-7　不同凝固浴生成的 PAA 初生纤维的断面扫描电镜图

明[15-17]，溶剂 / 非溶剂的交换速率是影响纤维最终结构形貌的重要因素之一，交换速率过高，纤维容易形成皮芯结构，内部产生孔洞，而合适的扩散速率则有利于形成致密均匀的结构，进而改善纤维的性能。

非溶剂的种类对纤维形态结构也具有非常重要的影响，为此，分别选用体积比为 5/5 的乙醇 /DMAc 和乙二醇 /DMAc 为凝固浴，制备了一系列聚酰胺酸纤维，其形貌如图 3-8 所示。由图可知，以乙二醇的水溶液为凝固浴时，所制备聚酰胺酸初生纤维表面结构致密，纤维断面呈非圆形，无明显的皮芯结构。与水 /DMAc/PAA 体系相比，聚酰胺酸在乙二醇 /DMAc 凝固浴中成型较快，形成致密的表面，阻碍纤维内部残留溶剂 DMAc 进一步扩散进入凝固浴中，在后续导丝过程中，当纤维内部的海绵状区域无法承受大量溶剂向外部扩散时，引起纤维表面坍塌收缩，形成类似肾形的不规则非圆形结构[15]。以乙醇 /DMAc 混合溶液为凝固浴制备的聚酰胺酸纤维表面较为粗糙，纤维截面为圆形，未观察到明显的孔洞。对于多数湿纺初生纤维而言，原丝形态和内部微结构主要由原液纺丝路径决定，相分离过程对于纤维的成型起着关键的作用。由乙醇 /DMAc/PAA 三元体系的理论相图可知，其双节线和旋节线之间具有较宽的亚稳态区，在成型过程中，体系可经历较长的亚稳态区域，相分离过程缓慢，溶剂扩散充分，从而形成较为致密的圆形截面。

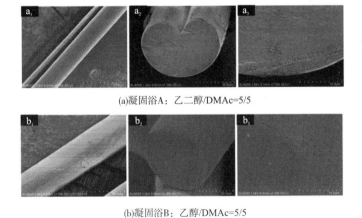

(a)凝固浴A：乙二醇/DMAc=5/5

(b)凝固浴B：乙醇/DMAc=5/5

图 3-8　聚酰胺酸初生纤维的扫描电镜图

在不同凝固浴条件下制备的 PAA 初生纤维的力学性能如图 3-9 所示。对于水 /DMAc/PAA 体系，当凝固浴组成体积比为 5/5 的水 /DMAc 时，所制备初生纤维的力学性能相对最好，为 0.27 GPa，这与其均匀致密的结构密切相关，而当水/DMAc体积比为3/7时，PAA纤维的力学性能最差，为0.23 GPa，这可能由于初生纤维中存在较多孔洞，表面粗糙缺陷较多（图3-9）。凝固浴组成分别为：a—水；b—水/DMAc（7：3，v/v）；c—水/DMAc（5：5）；d—水/DMAc（3：7）；e—EG/DMAc（5：5）；f—乙醇/DMAc（5：5）。当凝固浴为乙二醇/DMAc时，由于所制备的初生纤维断面形状不规则，有轻微的皮芯结构，纤维力学性能最低。当凝固浴为乙醇/DMAc时，所制备的初生纤维表面较为粗糙，断面形状规则，无明显孔洞，机械强度为0.25 GPa，略低于水/DMAc/PAA体系。

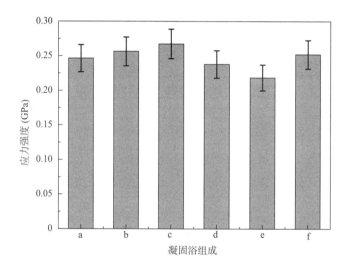

图3-9　不同凝固浴条件下PAA初生纤维的力学性能

## 3.4　部分环化对纤维成型的影响

Boom等[18]提出了一种线性浊点（LCP）关系式（3-3）：

$$\ln \frac{w_1}{w_2} = b\ln \frac{w_2}{w_3} + a \qquad\qquad 式（3-3）$$

式中，$w_1$，$w_2$和$w_3$分别为体系中非溶剂、溶剂和聚合物的质量分数，$a$和$b$为常数，可由实验测定，该公式描述了任意单相的相分离浓度相关性，即浊点组成的相关性。当非溶剂与聚合物完全不溶、溶剂为聚合物良溶剂且溶剂与非溶剂能互溶时，LCP线性关系式可适用于较高浓度范围[19]。因此，可使用式（3-3）计算低浓度纺丝液的浊点曲线，再外推得到高浓度下的浊点曲线。利用该公式可计算出不同环化程度下滴定结果的线性关系图，由 $\ln(w_1/w_3)$、$\ln(w_2/w_3)$ 作图（图 3-10），很明显，（PAA—PI）—DMAc—$H_2O$ 三元体系的浊点组成存在很好的线性关系（$R^2 \geqslant 0.999$），因此，可近似认为实验中得到的浊点线组成与双节线一致[19-20]。

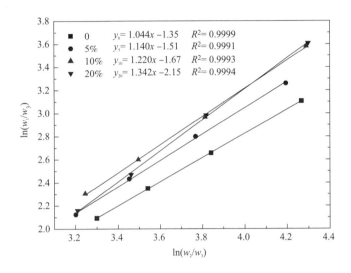

图 3-10 （PAA—PI）—DMAc—$H_2O$ 体系的 LCP 浊点线性组成，聚合物溶液中 PAA 的环化程度分别为 0，5%，10% 和 20%

根据滴定较低浓度下的（PAA—PI）—DMAc—$H_2O$ 三元体系得到的 LCP 浊点线性关系式外推，得到全浓度下的浊点三元相图（图 3-11）。由浊点曲线近似得到的双节线将（PAA—PI）—DMAc—$H_2O$ 体系的三元相图分成左边均相区和右边多相区。可以看到在高溶剂比例下，随着环化程度的提高，三元相图的起始浊点远离 DMAc 轴。当聚合物浓度处于较高水平时，随着环化程度的提高，三元体系的浊点组成双节线靠近 DMAc 轴，均相区减小，说明高程度的亚胺化使聚合物与 DMAc 的相容性减弱，促进聚合物中 DMAc 向凝固浴中的扩散，进而促进了双扩散，有利于纤维的凝固成型。

配制不同环化程度的聚酰胺酸的纺丝浆液通过湿法纺丝方法制备不同环化程度的聚酰胺酸纤维，其形态如图 3-12 所示，从图中可以看出，无环化和 5% 环化纤维表面光滑均匀，纤维成型较好，而 10% 环化纤维开始出现少

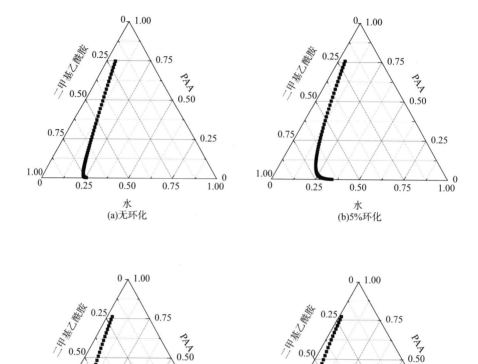

图 3-11 不同环化程度 PAA—PI 体系三元相图

量瑕疵，20% 环化纤维成型结果较差。这种结果与凝固浴的选择有关，从之前的三元相图中可以看出，随着环化程度的提高，双节线向 DMAc 轴移动，对水的敏感性增加。所以，高环化程度的纺丝液由于与凝固浴的相互作用更加迅速，双扩散速率过快，导致初生纤维的成型过程难以稳定，初生纤维的表面不够光滑。

(a) 无环化                 (b) 5%环化

(c) 10%环化             (d) 20%环化

图 3-12　不同环化程度聚酰胺酸初生纤维表面形貌

# 参考文献

[ 1 ] ZENG X，CHEN J，ZHAO J，et al. Investigation the jet stretch in PAN fiber dry-jet wet spinning for PAN-DMSO-H$_2$O system [ J ]. Journal of Applied Polymer Science，2009，114（6）: 3621-3625.

[ 2 ] ECKELT J，SUGAYA R，WOLF BA. Pullulan and Dextran: Uncommon composition dependent Flory - Huggins interaction parameters of their aqueous solutions [ J ]. Biomacromolecules，2008，9（6）: 1691-1697.

[ 3 ] REN J Z，LI Z S，WANG R. Effects of the thermodynamics and rheology of BTDA-TDI/MDI co-polyimide（P84）dope solutions on the performance and morphology of hollow fiber UF membranes [ J ]. Journal of Membrane Science，2008，309（1-2）: 196-208.

[ 4 ] ALTENA F W，SMOLDERS CA . Calculation of liquid-liquid phase separation in a ternary system of a polymer in a mixture of a solvent and a nonsolvent [ J ]. Macromolecules，1982，15（6）: 1491-1497.

[ 5 ] LI S G，JIANG C Z，ZHANG Y Q. The Investigation of solution thermodynamics for the PolysulfoneDmac Water-System [ J ]. Desalination，1987，62: 79-88.

[ 6 ] CARLI A，DI CAVE S，SEBASTIANI E. Thermodynamic characterization of vapour-liquid equilibria of mixtures acetic acid-dimethylacetamide and water-dimethylacetamide [ J ]. Chemical Engineering Science，1972，27（5）: 993-1001.

[ 7 ] PESEK S C，KOROS W J. Aqueous quenched asymmetric polysulfone membranes prepared

by dry/wet phase separation [J]. Journal of Membrane Science, 1993, 81 (1 - 2): 71-88.

[8] BARZIN J, SADATNIA B. Theoretical phase diagram calculation and membrane morphology evaluation for water/solvent/polyethersulfone systems [J]. Polymer, 2007, 48 (6): 1620-1631.

[9] ALTENA F W, SMOLDERS C A. Calculation of liquid–liquid phase separation in a ternary system of a polymer in a mixture of a solvent and a nonsolvent [J]. Macromolecules, 1982, 15 (6): 1491-1497.

[10] PESEK S C, KOROS W J. Aqueous quenched asymmetric polysulfone membranes prepared by dry/wet phase separation [J]. Journal of Membrane Science, 1993, 81(1 - 2): 71-88.

[11] KURAMOCHI H, NORITOMI H, HOSHINO D, et al. Measurements of solubilities of two amino acids in water and prediction by the UNIFAC model [J]. Biotechnology Progress, 1996, 12 (3): 371-379.

[12] KREVELEND W V, NIJENHUIS K T. Properties of polymers : their correlation with chemical structure; their numerical estimation and prediction from additive group contributions [M]. Oxford : Elselier, 2009.

[13] HANSEN C M. Hansen solubility parameters : a user's handbook, Second Edition [M]. Boca Raton, CRC Press : 2007.

[14] ZIABICKI A. Fundamentals of fibre formation : the science of fibre spinning and drawing [M]. New York : Wiley-Interscience, 1976.

[15] DOROGY W E, STCLAIR A K. Wet spinning of solid polyamic acid fibers [J]. Journal of Applied Polymer Science, 1991, 43 (3): 501-519.

[16] EASHOO M, BUCKLEY L J, STCLAIR A K. Fibers from a low dielectric constant fluorinated polyimide : Solution spinning and morphology control [J]. Journal of Polymer Science Part B–Polymer Physics, 1997, 35 (1): 173-185.

[17] BARTH C, GONCALVES M C, PIRES ATN, et al. Asymmetric polysulfone and polyethersulfone membranes : effects of thermodynamic conditions during formation on their performance [J]. Journal of Membrane Science, 2000, 169 (2): 287-299.

[18] BOOM R M, VAN DEN BOOMGAARD T, VAN DEN BERG J W A, et al. Linearized cloudpoint curve correlation for ternary systems consisting of one polymer, one solvent and one non-solvent [J]. Polymer, 1993, 34 (11): 2348-56.

[19] HEIJKANTS R G J C, VAN CALCK R V, DE GROOT J H, et al. Phase transitions in segmented polyesterurethane - DMSO - water systems [J]. Journal of Polymer Science Part B–Polymer Physics, 2005, 43 (6): 716-23.

[20] GRAHAM P D, BARTON B F, MCHUGH A J. Kinetics of thermally induced phase separation in ternary polymer solutions. II. Comparison of theory and experiment [J]. Journal of Polymer Science Part B–Polymer Physics, 1999, 37 (13): 1461-7.

# 第4章　干法成型及其动力学

干法纺丝是历史上较早的化学纤维成型方法，该纺丝方法是纺丝液从喷丝孔流道中挤出进入伴有热吹风的高温纺丝甬道，溶剂迅速挥发生成固态纤维。干法成型涉及聚合物—溶剂的二元体系，理论上比三元体系的湿法纺丝简单，因此，干法成型具有避免凝固浴、环保、纺速快等优点。但干法成型在封闭的高温甬道中完成，研究方法有限，工艺窗口窄，控制较为困难。

忽略纺丝液体系的少量水分或油剂等成分，干法纺丝的纺丝液为二元体系，纤维的固化成型由溶剂蒸发控制。与熔法纺丝不同的是，在干法纺丝过程中，纺丝液除了与热空气间存在传热现象外，还伴随着明显的传质过程，甬道内的吹风作用是促进溶剂蒸发而不是使丝条冷却固化，纺丝过程中溶剂组分减少导致丝条的黏度迅速增加，这是丝条固化的根本原因。通常认为，干法纺丝的溶剂脱离可以分为三个步骤：闪蒸、扩散和对流传质。在沿纺程不同位置上，溶剂的主要传质控制机理有所不同，相应的溶剂蒸发速度也有一定差异。通常情况下，干法纺丝的生产速度介于熔法纺丝与湿法纺丝之间，在保证对高聚物溶解性能良好的前提下，选用低毒、低沸点溶剂对提高生产效率、减少能耗成本、降低环境和职业健康风险等均有益处。常见的干法纺丝纤维有聚氨酯纤维（又称氨纶），以 DMF 或 DMAc 为溶剂，醋酸纤维素纤维的干法纺丝则采用丙酮为溶剂。

## 4.1 "反应纺丝"原理

聚酰亚胺的干法纺丝是指以聚酰胺酸为纺丝浆液，经纺丝组件挤出后进入高温甬道，得到较致密的纤维结构，再进一步环化和热拉伸，得到高性能的聚酰亚胺纤维，较湿法纺丝回避了凝固浴和干燥等工序。与其他纤维的干法纺丝方法的不同之处在于，聚酰胺酸在干法成型过程中，纺丝浆液在高温甬道中会发生环化反应，形成聚酰胺酸—聚酰亚胺（PAA—PI）的混合物（图4–1）。所得产物为部分环化的 PAA—PI 纤维，有利于改善聚酰胺酸

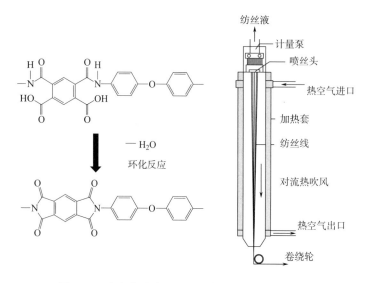

图4-1 干法成型过程及"反应纺丝"原理示意图

的不稳定性。然而，由于干法纺丝速度较快，在高温甬道中停留时间较短，刚性的聚合物分子链来不及调整构象进行充分的环化反应，因而环化程度较低。同时，聚酰亚胺纤维的干法纺丝过程同时涉及溶剂挥发、前驱体PAA转化为PI的环化反应、小分子水脱除和大分子链取向结晶等复杂的物理化学变化，极大地影响初生纤维的稳定性和纤维的最终性能。为解决这一技术"瓶颈"，作者提出"反应纺丝"新原理，加速纺丝过程中PAA纤维的环化反应，使之快速转变为结构性能更稳定的聚酰胺酸—酰亚胺（PAA—PI）纤维。因此，探究前驱体纤维在纺丝甬道中的环化反应机理，掌握制约环化反应速率的关键性因素，对于提高纤维的稳定性和连续性具有重要意义。

## 4.2 干法成型动力学

"反应纺丝"是非常复杂的过程，聚酰胺酸溶液在干法纺丝的热甬道中会发生部分环化反应，因此，聚酰胺酸的纺丝过程不仅仅是一个涉及能量、物质转换的物理过程，也是一个化学反应的过程，纺丝过程中的应力、速度梯度及大分子链构象都会对聚酰胺酸的环化反应速率产生影响，纤维成型过程中，物理过程和化学反应同时存在、相互影响，定量研究尤为困难。采用模拟的方法对于理解纤维成型过程中的物理和化学变化具有重要意义。

基于 Ziabicki 描述了溶液纺丝干法纺丝的基本原理[1]，Ohzawa 建立了一套干法纺丝模拟的方程组用来对干法纺丝过程中细流的各种状态进行描述[2-3]，在干法纺丝模拟中依次通过连续性方程解出纺丝细流的组成（如溶剂含量等），通过动量方程解出细流在轴向上的拉伸张力，通过能量平衡方程解出温度的变化，通过本构方程解出轴向速度随纺程的变化，并尝试采用迭代法对 PAN—DMF 体系的干法纺丝过程中做出数值模拟。Sano 等人[4-5]在聚合物溶液干法纺丝参数的测定上也进行了大量的研究，以 Newtonian 流体构建了本构方程，对 PVA/H$_2$O 体系进行了干法纺丝模拟。Yamada 等[6-7]以 Maxwell 流体模型为本构方程对氨纶的干法纺丝动力学进行了模拟计算，并对溶剂在径向的分布做了预测。尽管结果与实际预期有较大差距，却提供了一种模拟计算干法纺丝过程的思路。

由于 Newtonian 和 Maxwell 流体模型的局限性，Gou 等人[8-9]采用 Giesekus本构模型对 PVA/H$_2$O 体系进行了纺丝模拟计算，并与 Newtonian 模拟计算的结果进行了对比。研究结果表明，由于 Giesekus 模型是一种微观模型，反映了聚合物分子在拉伸流动场中形变与构象变化的关系，因此，模拟计算结果比 Newtonian 模型更加接近实际结果。为此，分别基于 Newtonian 模型和Giesekus 模型对聚酰亚胺纤维的"干法纺丝"过程进行研究。由于篇幅所限，对一些方程没有进行详细的推导，系统报告可参阅相关文献[10-11]。

### 4.2.1　基于 Newtonian 本构方程的模拟

#### 1. 基本方程

经典的干法纺丝模型如图 4-2 所示，可做以下假设：体系为稳态；纺丝细流为圆形且轴向对称；干法纺丝为一维模型，忽略径向变化；为简化问题，体系为单根纤维。

为描述环化问题，必须对聚酰胺酸的干法纺丝模型进行修正。根据前文所述，环化反应实际上是 PAA·2DMAc 络合物失去小分子 DMAc 和水形成聚酰亚胺的过程。因此，假定聚酰胺酸纺丝液是由溶质 PAA·2DMAc 络合物和溶剂游离 DMAc 组成的溶液，在干法纺丝过程中，溶剂 DMAc 的挥发服从高分子溶液气液平衡的 Flory—Huggins 定律，反应产物水分子的挥发则是由环化反应造成的，也就是说聚酰胺酸的成环反应与脱除络合溶剂过程是同时进行的，产物一旦生成，即挥发完全。这种假设的依据在于 DMAc 在聚酰胺酸的干法纺丝中扮演了两种不同的角色，而这两种角色的 DMAc 的脱除机理并不相同。

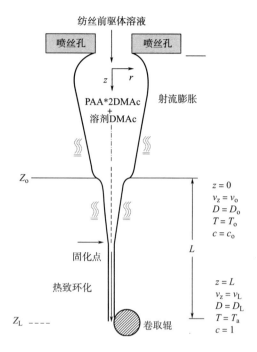

图 4-2　干法纺丝成型中聚合物挤出喷丝孔示意图

为描述这个模型，在原来模型的基础上引入环化反应程度这个自变量，即纺丝模型中有 DMAc 质量分数 $\omega_s$（%），细流轴向速度 $V_z$（cm/s），细流平均温度 $T$（℃），细流环化程度 $\beta$ 以及轴向的张应力（$\tau_{zz}-\tau_{rr}$）（N/cm$^2$）这五个变量，联立这五个方程组来求解这五个变量沿纺程 $z$（cm) 的变化关系。为减少篇幅，除作者的创新以及需做特殊说明之处，模型中诸多公式都是直接引用过来的，具体可参见文献[3-4,9,12]。

（1）连续性方程：

$$\frac{(174-210\omega_s)}{592(1-\omega_s)} \cdot W_{PAA,0} \cdot \frac{d\beta}{dz} + \frac{(418-36\beta)}{592} \cdot \frac{1}{(1-\omega_s)^2} \cdot$$

$$W_{PAA,0} \cdot \frac{d\omega_s}{dz} + 2\pi RM_S \cdot N_S = 0 \qquad 式（4-1）$$

式中：$W_{PAA,0}$ 为质量流量，cm/s ；$\beta$ 为细流环化程度；$R$ 为细流半径（cm）；$M_S$ 为 DMAc 的分子质量（g/mol）；$N_S$ 为细流表面溶剂的挥发通量［g/（cm$^2 \cdot$ s）］。

（2）本构方程：

$$\eta_e \cdot \frac{dV_z}{dz} = \tau_{zz} - \tau_{rr} \qquad 式（4-2）$$

式中: $\eta_e$ 为拉伸黏度 (Pa·s)。

（3）能量平衡方程:

$$\rho A V_z \cdot \frac{\mathrm{d}T}{\mathrm{d}z} \cdot C = h(T_a - T) - L_s N_{s,0} \cdot 2\pi R - W_{PAA,0} \cdot \frac{\mathrm{d}\beta}{\mathrm{d}z} \cdot$$

$$\left( \frac{36}{592} \cdot \frac{L_w}{M_w} + \frac{174}{592} \cdot \frac{L_s}{M_s} + \Delta H_r \right) \qquad 式（4-3）$$

式中: $\rho$ 为细流的密度 (g/cm$^3$); $A$ 为细流的横截面积 (cm$^2$); $C$ 为细流平均比热容 [J/(g·k)]; $h$ 为对流热传系数 [w/(m$^2$·k)]; Ta 为热空气温度 (℃); $L_s$ 为 DMAc 的分子质量 (g/mol); $L_w$ 为水的蒸发潜热 (kJ/mol); $M_w$ 为水的分子质量 (g/mol); $\Delta H_r$ 为聚酰胺酸环化反应热 (J/g)。

（4）动量平衡方程:

$$\rho A V_z \cdot \frac{\mathrm{d}V_z}{\mathrm{d}z} = \frac{\mathrm{d}}{\mathrm{d}z} [A(\tau_{zz} - \tau_{rr})] - \pi R C_f \rho_a (V_z - V_a) + \rho g A \qquad 式（4-4）$$

式中: $A(\tau_{zz} - \tau_{rr})$ 为轴向应力 (N); $C_f$ 为细流与热空气的摩擦因数之比; $\rho_a$ 为热空气密度 (g/cm$^3$); $V_a$ 为热风速度 (cm/s); g 为重力加速度 (m/s$^2$)。

（5）环化方程:

$$\frac{\mathrm{d}\beta}{\mathrm{d}z} = \frac{1-\beta}{V_z} \cdot A_\beta \cdot \exp\left( \frac{-E_\beta}{RT} \right) \qquad 式（4-5）$$

式中: $A_\beta$ 为指前因子 (s$^{-1}$); $E_\beta$ 为表现反应活化能 (kJ/mol)。

**2. 模拟的初始值**

基于 PAA/DMAc 溶液体系的成型过程, 其主要参数见表4-1。

表4-1 干法纺丝模型的初始参数

| 参数 | 初始值 |
| --- | --- |
| 溶剂 DMAc 浓度 $\omega_s$（%） | 0.72 |
| 纺丝液温度 $T$（℃） | 50 |
| 挤出速度 $V$（cm/s） | 25.83 |
| 环化程度 $\beta$ | 0.01 |
| 纺丝甬道长度 $L$（cm） | 1000 |
| 质量流量 $W_{PAA}$（g/s） | $5.947 \times 10^{-3}$ |
| 热风速度（同向）$V_a$（cm/s） | 15 |

### 3. 热风温度对环化程度的影响

根据以上模型对聚酰胺酸纤维成型过程进行模拟预测，重点讨论部分工艺参数对环化程度的影响。固定初始张应力为 $33.4 \times 10^{-5}$ N（即对应 $V_z = 500$ cm/s 时的初始应力），本构关系采用 Newtonian 方程，环化参数采用第二种快速反应方程，而改变热风温度来考察这几个自变量随纺程的变化。

图 4-3 比较了溶剂含量 $\omega_s$ 和轴向速度 $V_z$ 在不同热风温度下的变化情况，由图可以看出，热风温度越高，固化越快，与聚酰胺酸络合的 DMAc 挥发得也就越快，并导致最终的平衡轴向速度越来越低的方向移动。这是由于轴向张应力对轴向速度在高温下所起加速作用的时间越来越短所造成的，这也可以从热风温度越高，达到最终平衡速度的点越来越靠近起始点这一现象得到验证。

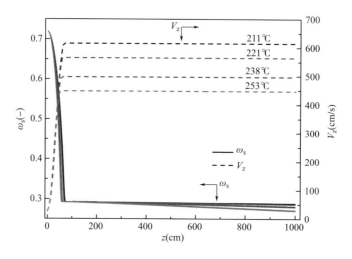

图 4-3　热风温度对溶剂含量和轴向速度的影响

图 4-4 则显示了细流温度 $T$ 和环化程度 $\beta$ 在不同热风温度下的变化情况。可以看出，热风温度越高，固化速度越快，细流达到热风温度的时间也越短。仔细观察还可以发现，热风温度越高，固化前细流经历的温度平台也越来越高，这说明聚酰胺酸与热风的热交换效率也越来越高，解释了在本次模拟中固化前温度没有经历一个下降的过程的原因。对于环化程度来讲，热风温度越高，环化程度越高。经过前面的对比发现，这是由两个方面造成的，一方面，热风温度越高，细流固化后能达到的温度也越高，加快了环化反应速率；另一方面，由于热风温度越高，平衡时的轴向速度却越低，延长了细流在高温下的停留时间从而增加环化程度。当热风温度达到 253℃ 时，模拟

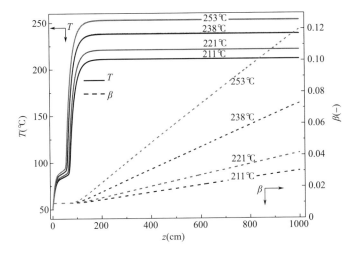

图 4-4　热风温度对细流温度和环化程度的影响

预测的环化程度能达到 12%，更加接近实验测得的环化程度。

4.　**本构方程对环化程度的影响**

Newtonian 方程是描述聚合物溶液流体最简单的方程，它指出流体的形变速率梯度与张应力成正比，而与流体形变中的黏滞阻力（黏度）成反比。本构方程确定了张应力和细流形变或者说细流轴向速度之间的关系。图 4-5 显示了 Newtonian 方程与 White-Metzner 方程对自变量 $A(\tau_{zz}-\tau_{rr})$ 和 $V_z$ 的影响。由图 4-5 可以看出，在固化前，这两个方程对张应力和轴向速度都没有太大

061

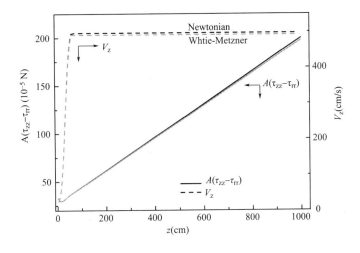

图 4-5　本构方程的选择对轴向应力和轴向速度的影响

影响。固化后，对于平衡时的轴向速度 $V_z$ 而言，White–Metzner 方程要低一点，不过差别很小，没有实质性的影响。White–Metzner 方法计算的平衡轴向速度低，在于其考虑了聚合物弹性效应的影响，固化后，虽然黏度迅速上升近至无穷大，但松弛时间是黏度的函数，它也会迅速上升而抵销一部分黏度的影响。这个原理也同样适用于本构方程对张应力 $A（\tau_{zz}-\tau_{rr}）$ 的影响。

从图 4-6 可以看出，本构方程对 DMAc 含量随纺程的变化几乎没有影响，这是因为固化前 DMAc 含量的变化主要取决于温度和初始张应力，与本构方程的选择关系不大；而固化后，本构方程对 DMAc 的含量只有非常有限的影响，这种影响也是由于本构方程的选择对平衡时的轴向速度的间接影响造成的。通过环化程度的变化看出，固化后采用 White–Metzner 方程计算方法得到的环化程度比 Newtonian 方法略高。

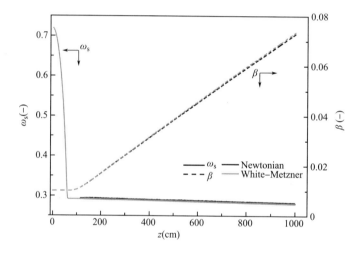

图 4-6　本构方程的选择对溶剂含量和环化程度的影响

以上分析可见，本构方程的选择对于干法纺丝模拟影响并不大，无论是 Newtonian 方程，还是 White–Metzner 方程，在描述聚合物溶液细流张应力和形变速率的问题上，它们都是一种宏观上的模型，对于预测聚合物流体行为都只能近似地表达出某种宏观上的关系。

**5. 环化参数对环化程度的影响**

环化反应参数（主要指环化反应动力学的指前因子 $A_\beta$ 和表观反应活化能 $E_\beta$）对最终纤维环化程度的影响如图 4-7 所示，该图显示了不同环化参数对 DMAc 含量与轴向速度的影响。对于轴向速度而言，只要其他初始变量一致，采用不同的环化参数对轴向速度没有任何影响。也就是说干法纺丝

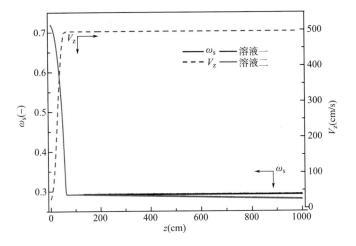

图 4-7 环化参数对溶剂含量和轴向速度的影响

中，轴向速度以及张应力与聚酰胺酸是否发生环化并无关系。而对于 DMAc 含量而言，固化前环化反应对溶剂 DMAc 的挥发也没有影响，固化后环化反应是通过络合 DMAc 的脱除来影响 DMAc 在纺丝细流中的含量的。

图 4-8 进一步说明上述问题，由之前的分析可知，环化参数的选择对张应力和轴向速度都没有影响，也不会对纺丝细流的温度造成影响；也就是说，当纺丝细流温度达到热风温度之后，由于环化造成的小分子的挥发吸热会很快从热风中得到补偿，不会影响纺丝细流的温度。由于温度和反应时间变化一致（轴向速度一致），可以看到环化参数对环化程度没有明显影响，

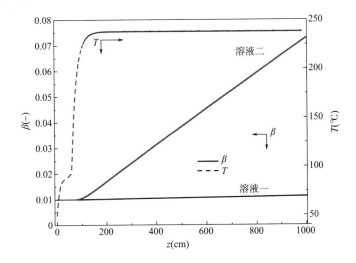

图 4-8 环化参数对细流温度和环化程度的影响

采用第一种环化参数计算得到的环化程度几乎没有任何变化（＜1%），而采用第二种环化参数纺丝细流在甬道中发生的环化程度高达7%左右，比之前预测的要高出很多，且与实测值更为接近。

尽管如此，该模型与纺丝实验中测得的实际环化程度仍有较大的差距，由于在Newtonian模型的本构方程仅仅用零切黏度将轴向速度与拉伸应力联系起来，不能反映其他微观参数（如高拉伸应变）对环化的影响。因此，寻找其他本构模型来研究聚酰胺酸的干法纺丝过程中的影响因素是非常必要的。

### 4.2.2 基于Giesekus本构方程的模拟

上一节基于Newtonian本构方程的模拟与实际结果有一定差距，一方面，聚合物是黏弹性流体，而黏度仅能表现出纺丝细流黏性流动的那一部分，随着溶剂的挥发，细流的弹性效应迅速增强，这时仅用黏度将细流的轴向速度与拉伸应力关联起来在模型预测时会出现较大的偏差；另一方面，聚合物的流动与小分子的流动有很大的区别，采用适用于描述小分子流动的黏性参数来描述纺丝细流固化会遗漏掉很多聚合物纺丝过程中出现的特有情况。

聚合物溶液在一个临界浓度或者临界分子量的情况下可能会形成一个可以发生弹性形变的缠结网络结构，而Giesekus模型则是一种描述聚合物缠结网络结构的模型，已经被成功地用来预测剪切和拉伸作用下的某些聚合物材料的参数[13-15]。在熔纺的模拟中，无定形的聚合物熔体可以采用改进的Giesekus模型来描述其分子链的伸长及其构象转变的行为对纤维结晶和取向的影响[16-18]。很显然，Giesekus模型也可以被用来预测干法纺丝过程中聚合物细流的固化，已经证明Giesekus模型能够更合理地预测纺丝细流各项工艺参数在纺程中的变化[8-9,19-20]。

#### 1. 基本模型

在PAA/DMAc体系中，纺丝过程中的应力场（或者说速度梯度、大分子链的构象）会对聚酰胺酸的环化反应速率造成影响。为此，将Giesekus模型作为本构方程引入，利用Giesekus模型修正聚酰胺酸在温度场中的环化动力学方程，并将大分子链的构象变化与环化反应参数关联起来，对聚酰胺酸的干法纺丝重新进行模拟计算，找到适合聚酰胺酸溶液干法纺丝的环化动力学模型。篇幅所限，略去了模型的推导过程，详见相关文献资料[21-22]。

（1）连续性方程：

$$\frac{d\omega_s}{dz^*} = \frac{-592(1-\omega_s)}{(418-36\beta)} \frac{2\pi R M_s N_s \cdot L}{W_{PAA,0}} - \frac{(1-\omega_s)(174-210\omega_s)}{(418-36\beta)} \frac{d\beta}{dz^*} \qquad 式（4-6）$$

式中：$L$ 为纺丝角道长度（cm）；$z^* = z/L$。

（2）能量平衡方程：

$$\frac{dT^*}{dz^*} = \frac{2\pi Rh \cdot L}{\rho AV_0 V_z^* C}(T_r - T^*) - \frac{2\pi RN_s L_s \cdot L}{\rho AV_0 V_z^* \cdot T_0} - \frac{W_{PAA,0}}{\rho AV_0 V_z^* C \cdot T_0}$$

$$\left(\frac{36L_w}{592M_w} - \frac{174L_s}{592M_s} + \Delta H_r\right)\frac{d\beta}{dz^*} \qquad \text{式（4-7）}$$

式中：$T^* = T/T_0$；$V_0$ 为初始细流轴向速度（cm/s）；$V_2^* = V_2/V_0$；$C$ 为构象张量；$T_r$ 为热风相对温度，$T_r = T_a/T_0$；$T_0$ 为细流初始温度（℃）。

（3）环化方程：

$$\frac{d\beta}{dz^*} = \frac{L}{V_0 V_z^*}(1-\beta)A_\beta \exp\left(\frac{-E_\beta}{RT_0 T^*}\right) \qquad \text{式（4-8）}$$

（4）动量平衡方程：

$$\frac{dV_z^*}{dz^*} = \frac{1}{\rho AV_0^2 V_z^* dz^*}\left[AG(\tau_{zz}^* - \tau_{rr}^*)\right] - \frac{\pi RC_f \rho_a \cdot L}{\rho AV_z^*}(V_z^* - V_r)^2 +$$

$$\frac{g \cdot L}{V_0^2 V_z^*} \qquad \text{式（4-9）}$$

式中：$G$ 为零剪切模量（Pa）；$\tau^*$ 为偏应力张量，$\tau^* = \tau/G$；$V_r$ 为热风相对速度，$V_r = V_a/V_0$。

（5）构象演化方程：

$$\frac{dc_{zz}^*}{dz^*} = 2\frac{c_{zz}^*}{V_z^*}\frac{dV_z^*}{dz^*} - \frac{1}{\lambda^* V_z^*}(Ec_{zz}^* - 1)\left[(1-\alpha) + \alpha Ec_{zz}^*\right] \qquad \text{式（4-10）}$$

$$\frac{dc_{rr}^*}{dz^*} = -\frac{c_{rr}^*}{V_z^*}\frac{dV_z^*}{dz^*} - \frac{1}{\lambda^* V_z^*}(Ec_{rr}^* - 1)\left[(1-\alpha) + \alpha Ec_{rr}^*\right] \qquad \text{式（4-11）}$$

式中：$C_{zz}$ 为构象分量（沿纺丝方向）；$C_{rr}$ 为构象分量（垂直纺丝方向）；$C^* = C \cdot K/(k_B \cdot T)$，$k$ 为虎克弹簧系数，$k_B$ 为波尔兹曼常数（J/K）；$\alpha$ 为链节运动参数；$\lambda$ 为松弛时间（s）。

   2. *模拟初始值*

Giesekus 模型中缠绕链节数目 $N$ 在方程组中无法约除，这个数对于模拟计算的影响并不大，可以假定 $N_0 = 100$ [8-9]。链段运动参数 $\alpha$ 初始设定为 0.5，接下来讨论这个参数对模拟计算的影响。部分初始值与 Newtonian 模型模拟相似，见表 4-2。

   3. Giesekus *模型与* Newtonian *模型模拟结果对比*

为了清楚地说明 Giesekus 模型的特点，将上面讨论的 Newtonian 模型预测的结果与之进行比较。模拟计算中，除有关构象的参数外，其他所有参数都一致，并通过打靶法调整 Newtonian 方程中张应力 $A$（$\tau_{zz,0}-\tau_{rr,0}$）和 Giesekus 模型中 $c_{zz}^{*}$ 以及 $c_{rr}^{*}$ 的初始值，使两个模型计算的卷绕速度 $V_{L}$ 均为 500 cm/s。

表 4-2 干法纺丝模拟计算的初始值

| 参数 | 初始值 |
| --- | --- |
| 溶剂 DMAc 浓度 $\omega_s$（%） | 0.72 |
| 纺丝液温度 $T$（℃） | 50 |
| 挤出速度（cm/s） | 25.83 |
| 环化程度 $\beta$ | 0.01 |
| 纺丝甬道长度 $L$（cm） | 1000 |
| 质量流量 $W_{PAA}$（g/s） | $5.947 \times 10^{-3}$ |
| 热风速度（同向）$V_a$（cm/s） | 15 |
| $c_{zz}^{*}$ | 1.544 |
| $c_{rr}^{*}$ | 0.728 |
| 链节运动参数 $\alpha$ | 0.5 |

图 4-9 显示了这两个模型对聚酰胺酸溶液细流 DMAc 含量的预测。相对于 Newtonian 模型，Giesekus 模型预测的固化点要高许多，Newtonian 模型预测的固化点约在纺程为 60 cm 处，而 Giesekus 预测的固化点约在纺程为

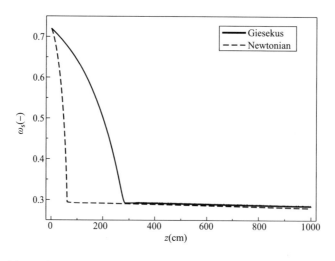

图 4-9 Giesekus 模型与 Newtonian 模型对溶剂含量预测的比较

300 cm 处。依据从干法纺丝的实际观察可以确定，在纺程 100 cm 处聚合物细流并未完全固化，因此，Giesekus 模型预测得更为准确。

图 4-10 显示了纺丝细流轴向速度随纺程的变化情况。对于 Newtonian 模型而言，由于固化迅速，纺丝细流的黏度会快速增加至 $10^{13}$ 数量级，轴向速度对拉伸张力的影响不再敏感，即此时细流已经成纤，张应力会沿着纺程往下传递，其对轴向速度的加速效果迅速消失。而对于 Giesekus 模型而言，由于固化速度较慢，轴向速度的增加也比 Newtonian 模型慢。

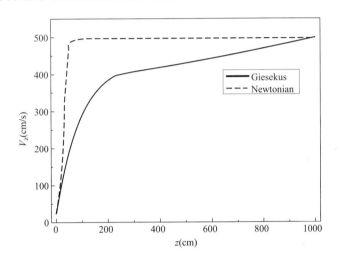

图 4-10　Giesekus 模型与 Newtonian 模型对轴向速度预测的比较

零切黏度随纺程的变化关系与上面的结果基本一致（图 4-11），零切黏度的变化可以分为三段：第一段纺程为 0 ~ 200 cm，黏度随着溶剂含量的减少而迅速增加；第二段纺程为 200 ~ 300 cm，由于聚合物浓度的增加，细流玻璃化温度迅速增加，在纺程 200 cm 处，此时黏度呈指数增加，其变化受细流玻璃化温度的控制；第三段流程为 300 ~ 1000 cm，此时细流已经固化，黏度接近 $10^{20}$ 数量级，受其他因素影响较小，基本不再变化。

对于轴向的拉伸应力而言，无论是 Newtonian 模型还是 Giesekus 模型，其随着纺程的变化是一致的，也与其他纺丝模拟的预测结果比较接近[5-9]，如图 4-12 所示。拉伸应力的变化与黏度的变化相似，可以分为三个区间，第一段纺程为 0 ~ 200 cm，拉伸应力增加不大，轴向速度主要受重力和摩擦力控制，此时黏度较小，轴向速度增加十分迅速；第二段纺程为 200 ~ 300 cm，拉伸应力呈指数式的增加与此区间中黏度的增加密切相关；第三段为 300 ~ 1000 cm，细流已经固化，拉伸应力的增加主要是用来平衡

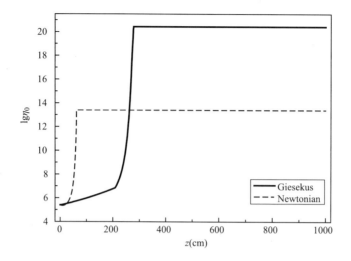

图 4-11　Giesekus 模型与 Newtonian 模型对零切黏度预测的比较

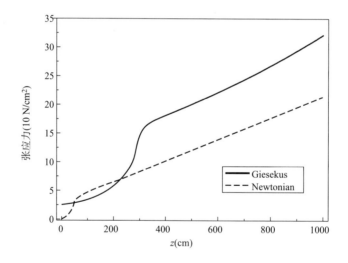

图 4-12　Giesekus 模型与 Newtonian 模型对张应力预测的比较

摩擦力和重力对细流的加速作用。

# 4.3　干法纺丝成型工艺

### 4.3.1　初生纤维的形态

　　根据所需的纤维规格和聚酰亚胺的化学结构，纤维的纺丝成型温度可选择在 220 ~ 370℃，通过调控热空气的温度和吹风速率得到初始纤维。其中，热风温度对纺丝成型的影响至关重要，温度过高时初生纤维内外部扩散不均匀，容易发生破裂，很难成型；温度较低时，溶剂很难去除，影响后期的加工处理，所以找到合适的温度是干法纺丝成型的关键。图 4-13 是 PMDA—ODA/DMAc 纺丝溶液经干法纺丝得到的初生纤维的扫描电镜图，可以看出初生纤维的横截面呈规整的圆形，截面尺寸为 20 ~ 22μm，纤维表面光滑，没有明显的缺陷，内部结构紧密。

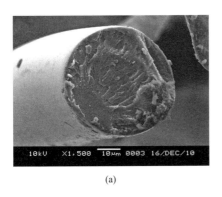 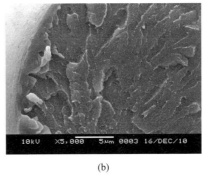

(a)　　　　　　　　　　　　　　　(b)

图 4-13　聚酰胺酸 /DMAc 体系干法成型得到的初生纤维的断面结构的扫描电镜图

　　干法成型过程中，溶剂的挥发导致纤维的固化成形，溶剂的挥发速率与高温环境以及溶剂与聚合物的相互作用密切相关。图 4-14 显示了可溶性聚酰亚胺 BTDA—TFMB—BIA（TFMB 为 2,2'- 双（三氟甲基）-4,4'- 二氨基联苯）共聚体系在不同甬道温度成型条件下得到的初生纤维的形貌观察[23]。在甬道温度为 335℃、350℃、365℃时，纤维都呈现了较为致密的结构，这可能与干法纺丝中"单相凝胶化"的成型工艺优势有关[24]。很明显的是，尽管所采用的是圆形喷丝板孔，但所得初生纤维均呈现非圆形的扁平状，且随着甬道热风温度的升高，初生纤维的截面扁平度逐渐降低，从扁平的肾形变成了心形，365℃时其截面近乎呈现椭圆形。

　　根据干法纺丝理论，初生纤维的形貌是由丝条与外界环境进行能量交换的传质通量比 $r$ 决定的[25]。如图 4-14（d）所示，溶剂 NMP 离开丝条的速度主要由以下两种速度控制：溶剂从丝条表面蒸发的速度（$E$）、溶剂从丝条芯部扩散至其表面的速度（$V$），两者的比值即为传质通量比 $r=E/V$。如果 $r \leqslant 1$，即溶剂从丝条芯部扩散到表面的速度不小于溶剂从丝条表面蒸发的速度，此时丝条固化成型的条件较为缓和均匀，得到的初生纤维截面趋向于

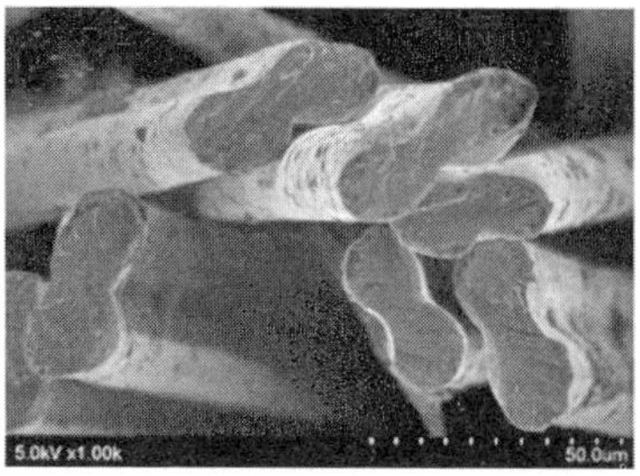

(a) 335℃

(b) 350℃

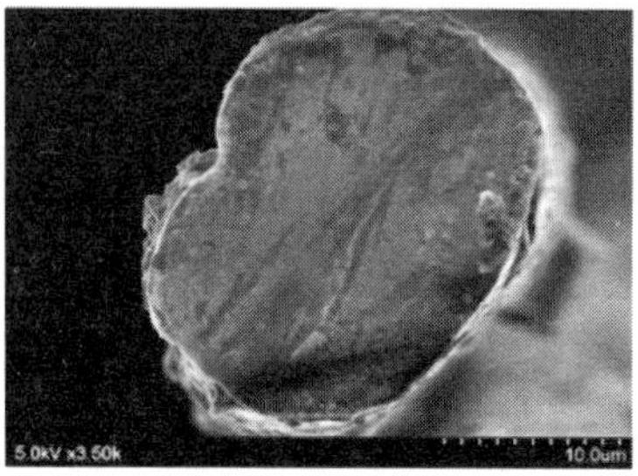

(c) 365℃

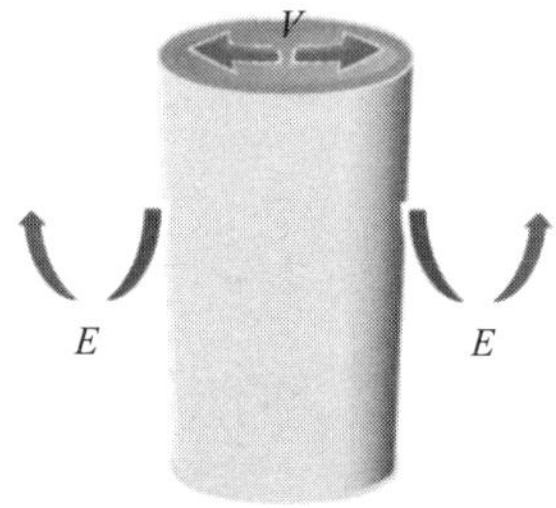

(d) 干法纺丝过程中传质通量比示意图
（$E$：纤维表面溶剂的蒸发速率，$V$：溶剂
从纤维内部向纤维表面的扩散速率）

图 4-14　可溶性聚酰亚胺 /NMP 溶液体系在不同甬道温度下制备的初生纤维截面形貌图

圆形；如果 $r \geqslant 1$，即溶剂从丝条芯部扩散到表面的速度小于溶剂从丝条表面蒸发的速度，此时，溶剂在丝条表面迅速挥发，形成皮层结构，而后，芯层溶剂在浓度差作用下扩散至表面，使得芯层聚合物体积减小，皮层结构部分塌陷，得到的初生纤维截面趋向于扁平状[26-27]。另外，文献报道在干法纺制醋酸纤维素纤维时，通过计算发现[5]，在聚合物溶液从喷丝口挤出后，其表面温度会从最初的细流温度（75℃）迅速下降至最低温度（3.2℃），然后再上升至甬道热风温度，同理，对于 PI/NMP 纺丝溶液体系，纺丝甬道温度的增加，会在聚合物溶液离开喷丝板后，使丝条芯部与表面形成一个更大的温度梯度，溶剂从芯部扩散到表面的速率随之增加，纤维成型条件变得缓和，截面逐渐倾向于圆形。

### 4.3.2　初生纤维的力学性能

初生纤维的力学性能是初生纤维能否顺利卷绕的决定因素，在卷绕时，纤维需要具有一定的强度和伸长率，在高速卷绕时强度和伸长率若太低则容易被拉断，形成毛丝。纺丝工艺（热风温度、挤出速度以及卷绕速度等）对纤维的力学性能的影响是非常重要的，热风温度太高，初生纤维太脆而不利于卷绕，温度太低，由于溶剂没有去除完全，力学性能很低，这种影响是显而易见的。以下重点讨论适合卷绕时挤出速度和卷绕速度对力学性能的影响。

　　表 4-3 是在相同的热风温度和卷绕速度下挤出速度对初生纤维力学性能的影响，从表中可以看出，随着挤出速度的减小，纤维的纤度也随之相应地减少，断裂强度有一定程度的提高，这归因于纤维的纤度减小，相应的在高温甬道中聚酰胺酸的环化程度有一定的提高，从而使断裂强度有一定程度的改善。从表 4-3 中还发现随着挤出速度的减小，伸长率明显降低，这主要是因为纤维变细，固化时间的减少使得初生纤维要经过更长时间的牵伸，从而使得前驱体纤维的断裂伸长率减小。

表 4-3　挤出速度对初生纤维力学性能的影响

| 挤出速度（mL/min） | 样品纤度（dtex） | 断裂强度（cN/dtex） | 伸长率（%） |
| --- | --- | --- | --- |
| 1.44 | 8.6 | 1.03 | 52 |
| 1.15 | 6.9 | 1.18 | 46 |
| 0.86 | 5.2 | 1.29 | 33 |

　　卷绕速度对初生纤维力学性能也有一定程度的影响，见表 4-4，很明显随着卷绕速度的增加，纤度逐渐减小，断裂强度有一定程度的下降，伸长率也明显减少。一方面随着卷绕速度的增加，初生纤维在甬道中停留的时间减少，环化程度也随之相应地减少，从而使得断裂强度有一定的减少；另一方面随着卷绕速度的增加，纺丝细流的拉伸比也随之增加，使得初生纤维的伸长率有明显的下降。因此，卷绕速度对力学性能的影响是以上这两个因素共同作用的结果。

表 4-4　卷绕速度对初生纤维力学性能的影响

| 卷绕速度（mL/min） | 样品纤度（dtex） | 断裂强度（cN/dtex） | 伸长率（%） |
| --- | --- | --- | --- |
| 400 | 9.5 | 1.12 | 58 |
| 480 | 6.9 | 1.18 | 46 |
| 560 | 5.3 | 1.03 | 27 |
| 600 | 4.6 | 1.02 | 21 |

### 4.3.3 纤维的环化与拉伸

聚合物纤维在玻璃化转变温度以上进行热拉伸可显著提高纤维的力学性能，将初生纤维先在 200℃ 热环化处理 1 h，然后分成三组分别在 250℃、280℃ 和 300℃ 放置 1 h，然后经过相同的热拉伸来比较不同环化工艺对力学性能的影响。从表 4–5 可以看出环化温度的降低并没有降低纤维的最终力学性能，相反，纤维力学性能还有一定程度的增加，纤维在 300℃ 时最终得到的强度为 5.2 cN/dtex，而在 250℃ 和 280℃ 环化后经拉伸得到的强度为 5.6 cN/dtex 和 5.9 cN/dtex，说明了传统的环化方法对于该结构的聚酰亚胺纤维并非是最优化的，降低环化温度不仅能降低能耗，还可以适度提高纤维的性能。

表 4–5 热环化温度及拉伸工艺对力学性能的影响

| 环化温度<br>（℃） | 拉伸倍数 | 纤度<br>（dtex） | 断裂强度<br>（cN/dtex） | 断裂伸长率<br>（%） | 初始模量<br>（cN/dtex） |
|---|---|---|---|---|---|
| 300 | 未拉伸 | 8.3 | 1.1 | 65 | 15.4 |
| | 2 | 4.1 | 3.8 | 16 | 40.6 |
| | 2.5 | 3.0 | 5.6 | 12 | 53.7 |
| 320 | 未拉伸 | 9.0 | 1.3 | 75 | 13.9 |
| | 2 | 4.4 | 3.8 | 16 | 41.0 |
| | 2.5 | 3.3 | 5.9 | 13 | 55.8 |
| 380 | 未拉伸 | 8.0 | 1.2 | 68 | 15.0 |
| | 2 | 4.2 | 3.7 | 16 | 39.4 |
| | 2.5 | 3.1 | 5.2 | 12 | 53.7 |

# 参考文献

［1］ ZIABICKI A. Fundamentals of fibre information : the science of fibre spinning and drawing ［M］. London : Wiley, 1976.

［2］ OHZAWA Y, NAGANO Y, MATSUO T. Studies on dry spinning. I. Fundamental equations ［J］. Journal of Applied Polymer Science, 1969, 13（2）: 257–283.

［3］ OHZAWA Y, NAGANO Y. Studies on dry spinning. II. Numerical solutions for some polymer–solvent systems based on the assumption that drying is controlled by boundary–layer mass transfer [ J ]. Journal of Applied Polymer Science, 1970, 14 ( 7 ): 1879–1899.

[ 4 ] SANO Y. Dry spinning of PVA filament [ J ]. Drying Technology, 1983, 2 ( 1 ): 61–95.

[ 5 ] SANO Y. Drying behavior of acetate filament in dry spinning [ J ]. Drying Technology, 2001, 19 ( 7 ): 1335–1359.

[ 6 ] YAMADA T, LI G. Simulation for dry spinning process with temperature concentration dependent diffusion coefficient in segmented poly ( urethane–urea ) and dimethylacetamide system [ J ]. Journal of Polymer Engineering, 2007, 27 ( 9 ): 621–656.

[ 7 ] ISHIHARA H, TANI K, HAYASHI S, et al. Studies on dry spinning of polyurethane–urea elastomers : theory and experiment [ J ]. Journal of Polymer Engineering, 1986, 6 ( 1–4 ): 237–262.

[ 8 ] GOU Z, MCHUGH A J. A comparison of Newtonian and viscoelastic constitutive models for dry spinning of polymer fibers [ J ]. Journal of Applied Polymer Science, 2003, 87 ( 13 ): 2136–2145.

[ 9 ] GOU Z. Two–dimensional modeling of dry spinning of polymer fibers [ J ]. Journal of Non–newtonian Fluid Mechanics, 2004, 118: 121–136.

[ 10 ] XU Y, WANG S, LI Z, et al. Polyimide fibers prepared by dry–spinning process : imidization degree and mechanical properties [ J ]. Journal of Materials Science, 2013, 48: 7863–7868.

[ 11 ] DENG G, WANG S, ZHAO X, et al. Simulation of polyimide fibers with trilobal cross section produced by dry–spinning technology [ J ]. Polymer Engineering and Science, 2015, 55 ( 9 ): 2148–2155.

[ 12 ] 徐园. 聚酰胺酸的环化反应及干法纺丝模拟 [ D ]. 上海：东华大学, 2014.

[ 13 ] GIESEKUS H. A simple constitutive equation for polymer fluids based on the concept of deformation–dependent tensorial mobility [ J ]. Journal of Non–newtonian Fluid Mechanics, 1982, 11 ( 1 ): 69–109.

[ 14 ] BIRD R B, ARMSTRONG R C, HASSAGER O. Dynamics of polymeric liquids, Volume 1: Fluid mechanics [ M ]. New York : John Wiley, 1987.

[ 15 ] WIEST J. A differential constitutive equation for polymer melts [ J ]. Rheologica Acta, 1989, 28 ( 1 ): 4–12.

[ 16 ] DOUFAS A K, MCHUGH A J, MILLER C. Simulation of melt spinning including flow–induced crystallization – Part I. Model development and predictions [ J ]. Journal of Non–newtonian Fluid Mechanics, 2000, 92 ( 1 ): 27–66.

[ 17 ] DOUFAS A K, MCHUGH A J, MILLER C, et al. Simulation of melt spinning including flow–induced crystallization – Part II. Quantitative comparisons with industrial spinline data [ J ]. Journal of Non–newtonian Fluid Mechanics, 2000, 92 ( 1 ): 81–103.

[ 18 ] DOUFAS A K, MCHUGH A J. Simulation of melt spinning including flow–induced crystallization. Part III. Quantitative comparisons with PET spinline data [ J ]. Journal of Rheology, 2001, 45 ( 2 ): 403.

[ 19 ] GOU Z, MCHUGH A J. Dry spinning of polymer fibers in ternary systems, Part I : Model development and predictions [ J ]. International Polymer Processing, 2004, 19 ( 3 ):

244–253.

［20］GOU Z, MCHUGH A J. Dry spinning of polymer fibers in ternary systems, Part II : Data correlation and predictions ［J］. International Polymer Processing, 2004, 19（3）: 254–261.

［21］DENG G, WANG S H, ZHAO X, et al. Simulation of polyimide fibers with trilobal cross section produced by dry-spinning technology ［J］. Polymer Engineering and Science, 2015, 55（9）: 2148–2155.

［22］DENG G, XIA Q M, XU Y, et al. Simulation of dry-spinning process of polyimide fiber ［J］. Journal of Applied Polymer Science, 2009, 113（5）, 3059–3067.

［23］TAN W, DONG J, LI Z, et al. Synthesis of organo-soluble copolyimide and preparation of fibers by dry-spinning process on a large scale ［J］. High Performance Polymers, 2017, 30（10）: 1193–1202.

［24］DENG G, XIA Q, XU Y, et al. Simulation of dry-spinning process of polyimide fibers ［J］. Journal of Applied Polymer Science, 2009, 113（5）: 3059–3067.

［25］闫敬章, 孟海涛. 腈纶干法纺丝生产中溶剂对纤维成形和质量的影响 ［J］. 现代纺织技术, 2003, 05（03）: 29–32.

［26］尹裔. 干法纺丝甬道气体流场研究 ［D］. 上海: 东华大学, 2010.

［27］OHZAWA Y, NAGANO Y. Studies on dry spinning. II. Numerical solutions for some polymer-solvent systems based on the assumption that drying is controlled by boundary-layer mass transfer ［J］. Journal of Applied Polymer Science, 1970, 14（7）: 1879–1899.

# 第5章　可溶性聚酰亚胺的合成及纤维制备

多数聚酰亚胺具有高度刚性的分子骨架和强的分子链间相互作用，导致其呈现不溶不熔的特点，在一般有机溶剂中呈现极低的溶解度，给材料的加工和应用带来诸多不便。正如前面所述，多数情况下聚酰亚胺材料的加工是经聚酰胺酸和环化两步路线。然而，两步法路线中所制备的聚酰胺酸前驱体在后续的环化过程中其微结构会发生较大变化，对聚酰亚胺产品的稳定制备带来较大困难。因此，制备可溶于常规有机溶剂的新型聚酰亚胺引起了诸多研究者的兴趣。

## 5.1　可溶性聚酰亚胺的结构特征

### 5.1.1　聚合物结构中引入柔性基团

将柔性结构单元引入聚酰亚胺分子主链中，不仅可以增加分子链的柔性，还能降低分子链间的作用力，从而可以增加聚酰亚胺在有机溶剂中的溶解性。比如，舒亚莎等[1]采用双酚 A 型二胺单体 2,2- 双［4-（4- 氨基苯氧基）苯基］丙烷（BAPP）和二酐单体 2,2- 双［4-（3,4- 二羧基苯氧基）苯基］丙烷二酐（BPADA）为原料，以 DMF 为溶剂，通过常规的两步法，并分别经热亚胺化和化学亚胺化过程合成了双酚 A 型聚酰亚胺。该方法分别将柔性的链节醚键—O—和柔性的基团—C（CH$_3$）$_2$—引入聚酰亚胺大分子的主链和侧链，制备出的 PI 有非常好的溶解性，在室温下不仅能够溶于常见的强极性有机溶剂［如 DMF，DMAc，NMP，DMSO，间甲酚（m-cresol）］，而且能溶于极性较小的低沸点溶剂如 THF。该材料仍然保持了常规 PI 所具有的高热稳定性和良好的力学性能。

法国的罗纳布朗克公司于 20 世纪 60 年代开发了 m- 芳香族聚酰胺类型

的聚酰亚胺纤维，后来由法国的 Kermel 公司以商品名 Kermel® 商业化开发，这种纤维的主链结构中含有一个单元的亚胺结构和一个单元的酰胺结构，而且在苯环上带有甲基，解决了聚合物在普通有机溶剂中的溶解问题，从而能够纺制成纤维，其结构式如图 5-1 所示。同理，奥地利 Lenzing AG 公司于 20 世纪 80 年代中期开发了一种新型的耐高温聚酰亚胺纤维产品 –P84® 纤维，是通过共聚方式将两种二异氰酸酯（MDI 和 TDI）与酮酐 BTDA 反应生成共聚产物，能够溶解于 DMAC、DMF 等极性溶剂中，可以采用一步法直接纺制聚酰亚胺纤维，该纤维可在 260℃环境中连续使用，瞬时使用温度可高达 280℃，与纯正的聚酰亚胺纤维相比，其耐热性有明显的下降。

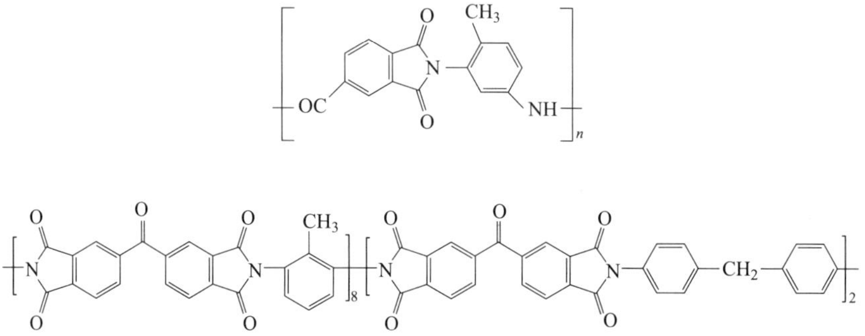

图 5-1　Kermel 纤维和 P84 纤维的化学结构

### 5.1.2　主链和侧链的结构调控

　　在聚酰亚胺分子主链上引入三氟甲基侧基、不对称结构和柔性的醚键，有利于提高聚酰亚胺的溶解性能，这主要是因为这类单元的引入可以有效地破坏聚酰亚胺分子链的规整性，减弱分子链之间的相互作用，从而降低聚合物主链上芳环的共轭性。

　　近年来，诸多研究者对含氟聚酰亚胺产生了浓厚的兴趣。氟基团的引入可增加聚酰亚胺分子链的自由体积，提高材料的介电性、疏水性和光学透明性[2-3]。例如，汪称意等人[4]利用 2,6- 二甲基苯酚、4- 硝基苯甲酰氯和 2- 氯 –5- 硝基三氟甲苯为起始原料，设计合成出 3,5- 二甲基 –4－（4- 氨基 –2- 三氟甲基苯氧基）–4'- 氨基苯甲酮，并由该二胺单体和联苯酐、醚酐及酮酐等合成出一系列聚酰亚胺，该类聚酰亚胺在 NMP、DMAc、DMF、DMSO、CHCl$_3$ 及 m-cresol 中具有良好的溶解性能，而且薄膜材料的介电性能和光学透明性明显优于常规的聚酰亚胺薄膜。杨逢春等人[5]设计合成出一种新型的不对称二胺单体 4- 氨基 -4'（4- 氨基 -2- 三氟甲基苯氧基）- 苯甲酮，在聚酰亚胺分子主链中同时引入三氟甲基侧基、醚键和羰基，极大地提高了聚酰亚胺的溶解性，同时，羰基与聚酰亚胺链端的氨基在热亚胺化时进行反应，生成交联结构的聚酰亚胺，提高材料的热氧化稳定性和模量。

在聚酰亚胺分子主链上引入三氟甲基侧基、不对称单元和柔性的醚键等官能团，在提高聚酰亚胺溶解性的同时，也带来了很多的问题。其中，最突出的问题就在于这些官能团的引入明显地降低了材料的力学性能和热氧化稳定性。为了解决这些问题，许多新的途径被不断尝试。在诸多制备聚酰亚胺的二胺单体中，2-（4- 氨基苯基）-5- 氨基苯并咪唑（BIA）具有特殊的化学结构，非对称的骨架结构有利于改善聚合物的溶解性，而苯并咪唑环中—N—H 单元与亚胺环上羰基可形成氢键，以保持分子链的刚性，有利于提高聚酰亚胺的力学强度[6-8]。

作者将 PI 大分子与杂环结构（如 BIA）结合，将含苯并咪唑单元和含氟的侧基等同时引入到大分子链中，合成了在 NMP 中可溶的高分子量 PI 溶液（BTDA—TFMB/BIA），浓度高达 20%，具有很好的流动性和可纺性。大分子结构中的两个—$CF_3$ 基团可改善 PI 的可溶性，咪唑结构不仅有利于聚合物在NMP 中溶解，而且能促进纤维内氢键的形成，从结构上提升材料的力学性能。PI 主链中的咪唑结构不仅有利于增加聚合物的溶解性，而且该结构在分子间易形成氢键（图 5-2），大分子链中较强的质子供体基团—NH—及质子

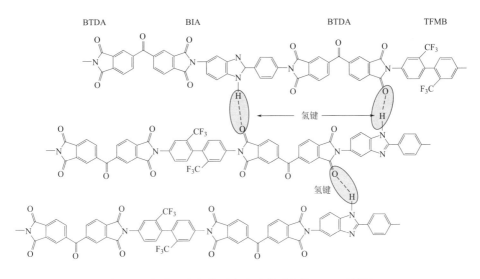

图 5-2　聚酰亚胺大分子中咪唑单元上的 N—H 基团与
酰亚胺环 C=O 基团间形成的氢键网络

受体基团—C＝O，引起聚合物骨架间较强的氢键作用，这种氢键网络结构能使刚性棒状分子链间的作用力提高，赋予 PI 纤维较高的抗拉强度。

### 5.1.3　溶剂的作用

20 世纪 80 年代，日本京都大学的 Kaneda 等人[9]对一步法合成聚酰亚胺做了大量的研究工作，他们以 BPDA/PMDA 为二酐单体，与 3,3- 二甲基 -4,4,- 二氨基联苯（OTOL）、3,4- 二氨基二苯醚（3,4-ODA）在对氯苯酚或间甲酚溶剂中反应，反应温度约为 180℃，所得聚酰亚胺的特性黏度为（3.2 ~ 5.2）dL/g。此外，他们详细考察了反应体系浓度、聚合反应时间、反应体系中羧酸加入量等因素对聚合物分子量的影响。值得强调的是，他们的研究结果表明，羟基苯基酸对该反应体系具有显著的催化作用。美国 Akron 大学的 Cheng 的研究团队也对一步法合成聚酰亚胺做了卓有成效的工作[10]，他们借助广角 X 射线衍射（WAXD）、偏光显微镜（PLM）及差示扫描量热（DSC）等手段发现可溶性聚酰亚胺 /m-cresol 体系存在明显的相转变。在室温下，该体系会首先形成溶剂化结晶 I 相（crystallosolvate），当浓度升高至 40% 时，该体系显示出各向异性的特征，在浓度为 45% ~ 95% 时，由溶剂化结晶 I 相转变为溶剂化结晶 II 相。他们的研究结果充分证实了聚酰亚胺 /m-cresol 体系液晶相的存在及相转变机理，为纺制高强度高模量聚酰亚胺纤维奠定了基础。

早期，一步法聚合所用的溶剂为酚类溶剂，例如，对氯苯酚、间甲酚等，强烈的刺激性气味和较大的毒性限制了该方法的广泛应用；另外，此方法只适用于合成的聚酰亚胺在所用的溶剂中具有良好的溶解性的情况，而对于溶解性较差的聚酰亚胺在反应过程中会形成沉淀析出，不利于合成高分子量的聚酰亚胺，因而，该方法受到单体选择性和溶剂选择性的限制。针对一步法合成路线存在的问题，近年来，诸多新的措施被不断尝试，这主要表现在两个方面：新单体的设计合成和新型合成溶剂的选择。日本东洋纺的 Sakagrchi 等[11]首次在多聚磷酸（PPA）中，合成了高分子量的聚（苯并噁唑—酰亚胺），反应温度控制在 160 ~ 200℃，其产率在 92% 左右，同时，他们详细研究了溶剂体系 $P_2O_5$ 含量、反应温度及固含量对聚合物特性黏度的影响，反应式如图 5-3 所示。

哈尔滨工业大学基于上述方法，利用一步法制备出一系列含苯并噁唑、苯并咪唑结构的聚酰亚胺（图 5-4），并对其结构和性能作了深入的研究[12]。值得关注的是，他们所合成的高分子量聚酰亚胺，利用干喷湿纺技术制备了

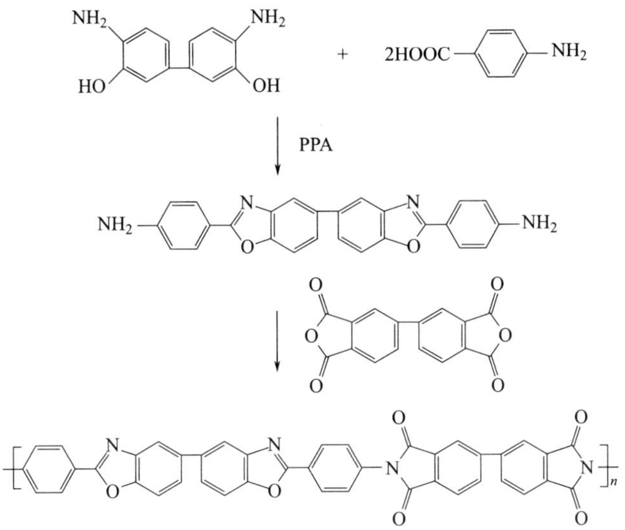

图 5-3　在 PPA 中一步法合成聚（苯并噁唑—酰亚胺）

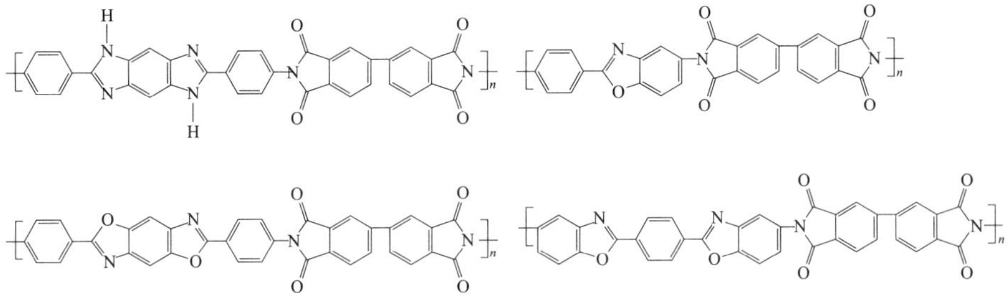

图 5-4　在 PPA 中一步法合成含杂环单元聚酰亚胺结构

高强度高模量的聚酰亚胺纤维。相对于酚类溶剂而言，多聚磷酸溶剂体较为环保，毒性较低，且在多聚磷酸体系中，有些特殊结构的聚酰亚胺呈现液晶态或有序结构，有利于制备高性能材料。

　　作者[13]也尝试着在 PPA 中一步法合成高分子量的聚酰亚胺，并与利用两步法制备的聚酰亚胺的性能进行比较，结果表明，利用 PPA 溶剂一步法制备出的聚酰亚胺具有更加优异的耐热性能和更高的热分解活化能。

　　另外，Kuznetsov 等[14-15]报道了以熔融的苯甲酸为反应介质，在 130 ～ 160℃下将二酐及二胺单体通过一步法聚合得到聚酰亚胺，并研究了影响聚合反应速率的一系列因素，发现二胺单体的活性对聚合反应的速率影响较大，并决定了能否生成具有高分子量的聚酰亚胺。Hasanain 等[16]报道了以不同的二酐及二胺单体在水杨酸中通过一步法聚合得到聚酰亚胺，结果发现可以使用较高固含量的单体并通过完全脱水环化获得高分子量的聚酰亚胺。

## 5.2 纺丝溶液的溶胶—凝胶转变

在聚合物凝胶化或溶胶—凝胶转变过程中，交联的聚合物材料由流动性液态转变为固态或类固态，然而，关于溶胶—凝胶转变过程中聚酰亚胺分子链的排列和演变的研究还不够详尽，探究该转变过程中分子链的排列及相关参数，对于有机高性能纤维的稳定制备具有重要的指导意义。

### 5.2.1 各相异性 PI 凝胶的形成

为详细了解可溶性聚酰亚胺的溶胶—凝胶转变过程，以图 5-2 所示的化学结构式 BTDA—BIA/TFMB（摩尔比 10∶5∶5）在 NMP 中的溶液为典型例子进行系统分析研究。图 5-5 为不同浓度 PI/NMP 溶液在 25℃的偏光显微镜照片。可以看到，当溶液中 PI 含量超过临界浓度之后显现出光学双折射现象，这主要与溶液中聚酰亚胺分子链的堆砌和排列有关。当聚合物溶液的浓度为 7% 或更低时，溶液为各相同性体系，表明聚合物分子链在溶液中无规分布。当聚合物溶液浓度为 10% 时，热台偏光显微镜（POM）照片中显示出微弱的条带状织构，并且随着聚合物浓度的提高，这些条带状织构逐渐清晰，表明各相同性的溶液体系逐渐变为各相异性，无规的聚合物分子链在溶液中形成有序排列。当浓度增加至 13% 时，可以观察到清晰并带有较深颜色的条带状织构，此时的 PI/NMP 溶液已经完全转变为各相异性体系。该聚合物溶液体系由各相同性逐渐转变为各相异性，其原因可以解释为浓度的提高迫使聚合物大分子链在溶液中不断聚集，并采取伸展的构象，形成规整排列[17]。

为进一步理解和研究 PI/NMP 溶液体系的分子链的有序排列，采用 XRD 测试不同浓度溶液中聚合物分子链的有序度。如图 5-6 所示，不同浓度的 PI/NMP 体系的 XRD 测试结果有明显不同，表明样品内部分子链排列有序度存在差别。不同浓度聚合物溶液体系内分子链的有序度可用式（5-1）计算：

$$X = \frac{U_o}{I_o} \times \frac{I_X}{U_X} \times 100\% \qquad \text{式（5-1）}$$

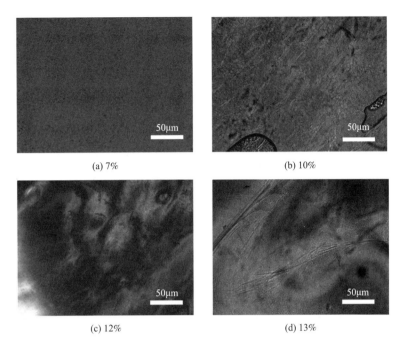

(a) 7%　　　　　　　　　　　　　　(b) 10%

(c) 12%　　　　　　　　　　　　　　(d) 13%

图 5-5　不同浓度 PI/NMP 体系在 25℃时偏光显微镜照片（POM）

其中 $U_o$ 和 $U_X$ 分别代表参比样品和测试样品的衍射背底强度，$I_o$ 和 $I_X$ 分别代表参比样品和测试样品的实测衍射强度，如图 5-6 所示。计算结果表明，浓度为 8%，10%，12%，13% 的样品对应的有序度分别为 2.0 $U_o/I_o$，3.3 $U_o/I_o$，4.8 $U_o/I_o$ 和 8.1 $U_o/I_o$，即 PI/NMP 溶液随着浓度的增加，其内部分子链的有序程度逐渐提高。当溶液体系浓度超过 13% 时，其有序程度相对减小，这可从大分子链的可运动性和分子链间相互作用的平衡性来解释。凝胶样品中可能存在两种影响分子链有序排列的因素：一是聚合物大分子链的运动性；二是聚合物大分子间的相互作用。在低浓度范围内，随着聚合物浓度的提高，溶液体系内大分子间的距离及自由体积会逐渐减小，而分子间相互作用增强，迫使大分子链采取伸直链的构象，从而形成某种有序排列，得到分子链有序度较高的凝胶样品，在此浓度范围内，既不影响大分子链的运动能力，又有利于大分子链的排列。继续提高溶液浓度，分子链之间的距离及自由体积进一步减小，聚合物大分子链间相互缠结，大大降低分子链的可活动性，因此，很难形成规整的有序排列。可以总结认为，凝胶样品中聚酰亚胺分子链可以形成高度有序排列主要是分子链本身的自组织行为，而且在高浓度下，主导性的外界动力学因素是聚合物大分子链的运动能力。

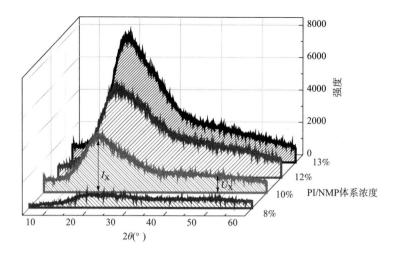

图 5-6　不同浓度 PI/NMP 体系在 25℃时 X 射线衍射曲线

　　动态流变学测试作为一种有效研究材料内部微结构及凝胶化过程的手段，在多种聚合物凝胶体系研究中得到广泛应用。在黏弹性方程中，某些变量包括储能模量 $G'$、损耗模量 $G''$、损耗角正切值 $\tan\delta$ 及复数黏度 $\eta^*$，对凝胶化过程中聚合物结构的改变非常敏感。图 5-7 显示 25℃时不同浓度 PI/NMP 样品储能模量 $G'$ 及损耗模量 $G''$ 随剪切频率变化关系，为避免重叠，数据均按照图中标示沿纵轴平移 $10^a$（空心：损耗模量 $G''$；实心：储能模量 $G'$）。当聚合物浓度低于 12% 时，样品的储能模量 $G'$ 低于损耗模量 $G''$，并且两者随频率的改变而明显变化，表明样品处于黏流态，具备流体的特征；

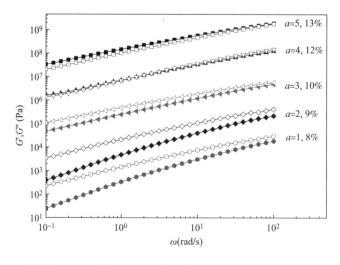

图 5-7　不同浓度 PI/NMP 体系 25℃时储能模量 $G'$ 和损耗模量 $G''$ 与频率的关系

当聚合物浓度增加至 12% 时，储能模量 $G'$ 曲线和损耗模量 $G''$ 曲线在全频率范围内基本重合，表明聚合物分子链聚集形成有序区域，同时 PI/NMP 体系由流体特征逐渐转变为类固体，此时聚合物浓度被定义为临界凝胶转变点（gel point）[16]；进一步增加聚合物含量至 13% 时，在低频率范围内，储能模量 $G'$ 高于损耗模量 $G''$，在高频率下储能模量 $G'$ 与损耗模量 $G''$ 重合，表明此时凝胶样品表现出弹性行为，样品内部存在更规整的分子链堆积，在该浓度下，凝胶样品已经完全不具备流动性。

　　为进一步理解以上分析，将 PI/NMP 体系随着聚合物含量的提高而逐渐形成各相异性凝胶的过程绘制成示意图如图 5-8 所示。在低浓度下，聚合物大分子链之间的相互作用较弱，分子链具有较大的自由体积，相互之间没有形成规整堆积，PI/NMP 体系处于各相同性的溶液状态。当浓度增加至 10% 时，PI 分子链间相互作用增强，在部分区域迫使大分子链处于伸展构象并形成规整的排列，此时在微小的区域开始出现各相异性的 PI/NMP 体系，但并不形成凝胶态结构。当聚合物含量为 12% 时，大量的 PI 分子链自主地堆积形成有序区域，相对较弱的凝胶结构慢慢形成。进一步提高聚合物含量至 13% 时，PI/NMP 体系显示凝胶状态，有序区域的堆积形成完整的凝胶网络，此时体系表现类固体的特征。由此可以看出，该凝胶体系的形成由分子链的有序堆积开始逐渐演化而来，其中 PI 分子链间相互作用、PI/NMP 间相互作用及聚合物分子链的自由体积是主导因素[17]。

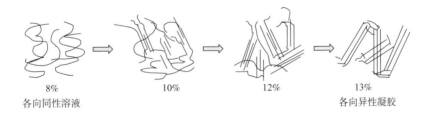

| 8% | 10% | 12% | 13% |
| 各向同性溶液 | | | 各向异性凝胶 |

图 5-8　PI/NMP 体系凝胶形成示意图

## 5.2.2　PI/NMP 凝胶体系温度依赖性

　　由上文的讨论可以看出，在合适的浓度范围内，PI/NMP 体系会形成分子链规整排列的凝胶。温度对凝胶结构的形成及分子链排列有怎样的影响？图 5-9 给出了一系列不同浓度的 PI/NMP 样品 DSC 曲线，浓度范围为 8% ~ 13%。从图中可以看出，每一条 DSC 曲线都有一个吸热转变峰，可以说明凝胶体系的形成是一种相转变。当聚合物浓度低于 10% 时，吸热峰较微弱，

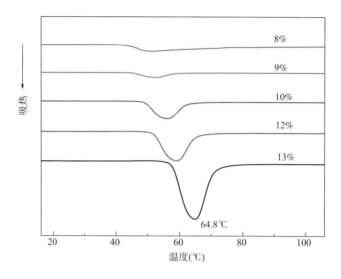

图 5-9　不同浓度 PI/NMP 样品在升温速率为 10℃/min 的 DSC 曲线

且发生在较低温度范围。随着聚合物含量的增加，吸热峰的热熔值增加，转变温度向高温移动。当聚合物浓度达到 13% 时，转变温度约为 64.8℃，这表明在一定浓度范围内，聚合物浓度越高，越有利于有序结构的形成，在升温过程中，有序结构可以被破坏恢复到各相同性的溶液状态，这种有序 / 无序结构的转变对于冻胶纺丝工艺的控制尤为重要。

　　利用 POM 观察了 PI/NMP 凝胶在加热过程中发生相转变时的形态变化。图 5-10 显示聚合物浓度为 10% 和 13% 的 PI/NMP 样品在 30℃、65℃ 及 90℃ 时 POM 照片，其中凝胶 / 溶胶相转变过程由照片中颜色及带状织构的变化来辨别。可见 10% 的样品在 30℃ 时呈现条带状织构，温度增加至 65℃ 时条带状织构消失，表明局部形成的有序结构被破坏，双折射现象随即消失，继续升高温度至 90℃ 时视场没有明显变化，表明此时 PI/NMP 体系完全处于各相同性状态。对于 13% 的 PI/NMP 样品，在较低的温度下可以看到 POM 照片中呈现典型的光学双折射现象，黄色条带状织构非常明显，而且彩色区域更加宽泛，表明此时 PI/NMP 体系处于各相异性状态，内部 PI 分子链规整排列形成有序结构。升高温度至 65℃ 时，彩色区域变小，表明此时凝胶网络被破坏，内部分子链规整排列形成的有序区被熔化。当温度增加至 90℃ 时，照片中双折射现象完全消失，带状织构被破坏，表明此时 PI/NMP 体系同样处于各相同性的溶液状态。由此不难看出，PI/NMP 凝胶体系具有温度依赖性，随着温度的升高，凝胶体系发生有序 / 无序相状态变化。对于 13% 的

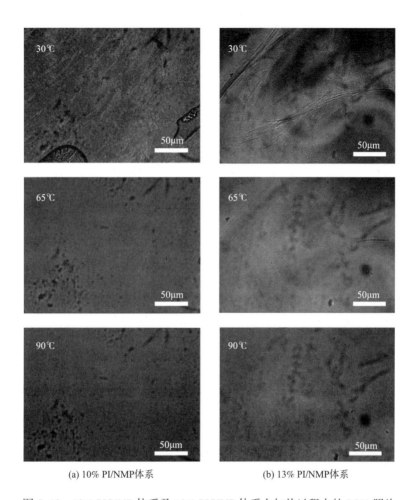

(a) 10% PI/NMP体系          (b) 13% PI/NMP 体系

图 5-10  10% PI/NMP 体系及 13% PI/NMP 体系在加热过程中的 POM 照片

PI/NMP 样品而言，在 65℃时发生凝胶 / 溶胶转变现象，这与 DSC 结果（64.8℃）相吻合，因此，该温度点可以被定义为凝胶 / 溶胶转变温度 $T_{gel}$。

根据 Winter-Chambon 理论，在凝胶点附近，储能模量 $G'$、损耗模量 $G''$ 及剪切频率存在如式（5-2）和式（5-3）所示关系：

$$G'(\omega) = G''(\omega) \sim \omega^{n} \qquad 0 < n < 1 \qquad 式（5-2）$$

和

$$G''(\omega) / G'(\omega) = \tan \delta = \tan(n\pi/2) = const \qquad 式（5-3）$$

其中，$\tan \delta$ 为损耗角正切值，$n$ 为凝胶点松弛指数。$n$ 值强烈依赖于分子链结构及系统的结构细节。在临界凝胶点附近，$\tan \delta$ 不依赖剪切频率的改变而改变，这一典型的特征已经被广泛应用于研究物理凝胶或化学凝胶在临界点结构的转变，同时也被应用于凝胶点的确定。图 5-11 为 8% PI/NMP 体系和 13% PI/NMP 体系在不同剪切频率下损耗角正切值 tan δ 随温度的变化。对于 8% 样品，在四种剪切频率下，tan δ 值随着温度的升高而增加，而且在测试温度范围内 tan δ 远远高于 1，此时体系表现出一般溶液特征。然而，对于 13% 样品，四条不同频率的曲线相交于一点，对应温度约为 67℃，该点温度可以被认为是凝胶/溶胶转变点。低于此温度范围，tan δ 曲线基本重合，此时样品表现出类固体的特征。同时，交点对应的 tan δ 值约为 1.3，根据方程（5-2），可以计算出 n 值为 0.58。一般而言，n 值越低则认为形成的凝胶结构弹性模量越高。松弛指数 n 与聚合物凝胶的分形维数有关，它反映了凝胶网络的紧凑程度。对于 13% PI/NMP 体系而言，n 值表明了该凝胶体系具备中等程度的弹性特征。

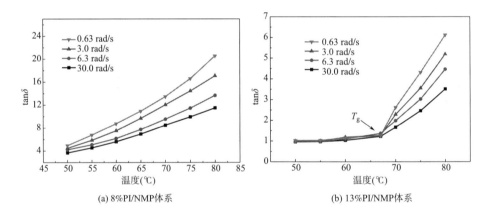

图 5-11　8% PI/NMP 体系和 13% PI/NMP 体系不同剪切频率下
损耗角正切值 tan δ 随温度的变化

　　为了进一步理解 PI/NMP 凝胶体系在升降温过程中的相转变及凝胶/溶胶转变过程，对样品进行温度循环扫描动态流变测试。图 5-12 显示了 13% PI/NMP 体系储能模量 G' 与损耗模量 G" 在升降温过程中随温度的变化。在加热过程中，温度低于 50℃时，储能模量 G' 与损耗模量 G" 随温度升高而缓慢下降，这主要是因为开始时外部提供的能量不足以破坏凝胶网络中更多的有序区域，此时样品仍处于凝胶态，不具备流动性。在 67℃附近储能模量 G' 与损耗模量 G" 相交于一点，表明样品由凝胶态转变为溶液状态。当温度高于临界转变温度时，储能模量 G' 逐渐低于损耗模量 G"，此时样品表现溶液的特征。继续升高温度，G' 与 G" 急剧下降，主要是因为更多的外界热量促使

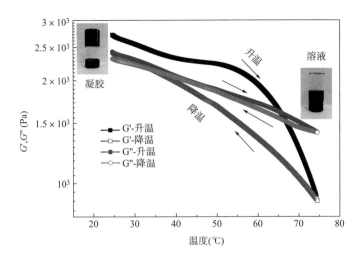

图 5-12　13% PI/NMP 体系储能模量 G' 与损耗模量 G" 在升降温过程中随温度的变化

PI 分子链的运动。为探究 PI/NMP 凝胶体系的热可逆性，在相同的速率下观察了样品在降温过程中的动态流变行为。与升温过程中的结果相反，储能模量 G' 逐渐低于损耗模量 G"，且随着温度的降低而逐渐增加，并偏离升温过程曲线。在 70 ~ 35℃的降温范围内，储能模量 G' 总是低于损耗模量 G"。继续降温至 35℃附近，G' 与 G" 相交于一点，表明此时形成新的凝胶结构。以上结果说明 PI/NMP 样品为热可逆凝胶体系，而且重新凝胶过程具有滞后性。

### 5.2.3　不同原液条件对 PI 纤维性能的影响

以上分析的结果是，13% 的 PI/NMP 体系在 25 ~ 67℃处于各向异性的凝胶状态，其临界凝胶转变温度为 65℃左右。在该温度下，PI 分子链处于伸直链构象并且规整堆积形成有序结构，这些特征为利用合适的纺丝工艺制备 PI 纤维创造了条件。在 65℃条件下，利用凝胶态 13% PI/NMP 纺丝原液通过湿法纺丝工艺纺制出 PI 初生纤维 a，为便于比较，利用 70℃溶液态 13% 的 PI/NMP 为纺丝原液制备了初生纤维 b，两种工艺制备的初生纤维断面形貌及力学性能测试曲线如图 5-13 所示。可以看出，尽管凝胶态原液制备出的初生纤维表面分布凝胶粒子，而高温溶液态原液制备的初生纤维断面致密，然而利用凝胶态原液制备的纤维具有更高的拉伸强度及较小的延伸率，这主要得益于凝胶态纺丝原液中 PI 分子链高度伸展形成有序的排列，并且这种规整的排列在纺丝过程中可以维持，这对于提高纤维材料的力学性能具有重要的意义。

(a) 凝胶态原液制备纤维
断面SEM照片

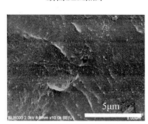

(b) 常规溶液态原液制备
纤维断面SEM照片

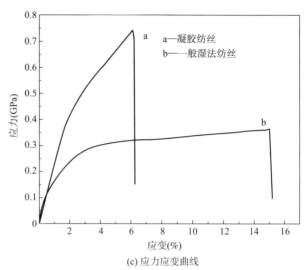

(c) 应力应变曲线

图 5-13　凝胶态原液和常规溶液态原液制备的纤维断面 SEM 照片及
两种纤维典型应力—应变曲线

## 5.3　纤维的制备

### 5.3.1　湿法纺丝成型

可溶性聚酰亚胺的合成为采用一步法直接纺制聚酰亚胺纤维奠定了很好的基础，而湿法或干湿法纺丝技术则是该类纤维的重要制备方法。聚酰亚胺纤维可由实验室自制的纺丝设备利用湿法纺丝工艺纺制。其中纺丝原液的温度保持为 65℃，由上一节的讨论可知，在该温度下，13.0% PI/NMP 纺丝浆液体系内部聚合物分子链取向排列形成有序区域，同时具备良好的流动性。凝固浴采用水与 NMP 的混合溶液，其中水与 NMP 的体积比为9 : 1，凝固浴温度为 60℃，凝固浴长度为 3 m。初生纤维经凝固浴成型后需经过两道水洗浴，水浴温度分别为 40℃和 60℃。纺丝示意图如图 5-14 所示。

### 5.3.2　纤维性能

图 5-15 为 BTDA/TFMB/BIA（TFMB/BIA=10/90）的聚酰亚胺纤维在不同

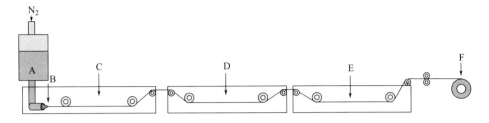

图 5-14　聚酰亚胺纤维纺丝过程示意图

A—共聚聚酰亚胺溶液　B—50孔的喷丝板　C—水/NMP比例为9/1的凝固浴　D、E—水洗浴　F—卷绕辊

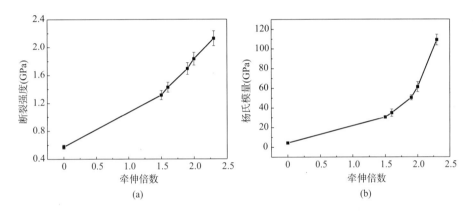

图 5-15　聚酰亚胺纤维断裂强度和模量与牵伸比的关系

牵伸倍数下断裂强度和模量与牵伸倍数的变化关系，相应的力学性能数据列于表 5-1。随着牵伸倍数的提高，纤维的线密度逐渐变小，初生纤维的线密度为 6.5 dtex，牵伸 2.3 倍时纤维的线密度为 3.5 dtex。未牵伸纤维的断裂强度、杨氏模量和伸长率分别为 0.83 GPa、10.25 GPa 和 13.5%，随牵伸倍数的增加，断裂强度和杨氏模量逐渐提高，断裂伸长率逐渐降低，当牵伸倍数为 2.3 倍时，其强度和模量分别达到 2.13 GPa 和 101 GPa。上述结果表明，经热牵伸处理后聚酰亚胺纤维的力学性能明显提高。一般而言，在高性能纤维的制备过程中，热牵伸处理所起到的作用是提高纤维的强度和降低其变形性，在此过程中，聚合物大分子链、晶粒等结构单元沿纤维轴向取向，并同时伴随着相变、结晶和晶型转化等过程，这些因素是导致纤维力学性能提高的本质原因。

表 5-1　不同牵伸倍数时聚酰亚胺纤维的力学性能

| 样品<br>（λ为牵伸倍数） | 线密度（dtex） | 模量（GPa） | 断裂强度（GPa） | 断裂伸长率（%） |
|---|---|---|---|---|
| λ=0 | 6.5 ± 0.2 | 10.25 ± 0.21 | 0.83 ± 0.03 | 13.0 ± 0.5 |
| λ=1.5 | 4.7 ± 0.1 | 30.52 ± 1.53 | 1.32 ± 0.07 | 4.3 ± 0.3 |
| λ=1.6 | 4.5 ± 0.1 | 35.00 ± 3.75 | 1.43 ± 0.07 | 4.0 ± 0.2 |
| λ=1.9 | 4.0 ± 0.2 | 50.42 ± 2.52 | 1.70 ± 0.08 | 3.4 ± 0.1 |
| λ=2.0 | 3.8 ± 0.2 | 61.32 ± 5.01 | 1.83 ± 0.09 | 3.0 ± 0.3 |
| λ=2.3 | 3.5 ± 0.1 | 101.20 ± 5.46 | 2.13 ± 0.11 | 2.1 ± 0.1 |

### 5.3.3　聚酰亚胺纤维动态力学热分析

　　图 5-16 为 TFMB/BIA=10/90 聚酰亚胺纤维在不同牵伸倍数下的动态机械热分析（DMA）图（其中 tan δ 代表损耗模量与储能模量之比）。可以看出，随着牵伸倍数的增加，聚酰亚胺纤维的玻璃化转变温度由 357℃ 逐渐升高至 363℃，同时，聚合物玻璃化温度对应的转变峰的强度逐渐下降。值得注意的是，聚合物的玻璃化转变一般对应于材料内部无定形区大分子链的运动，可以认为玻璃化转变峰的强度反映非结晶区域聚合物分子链运动的能量水平。随着牵伸倍数的增加，纤维的取向度和结晶度增加，非晶区减小，分子链的运动能力减弱，因而玻璃化转变峰强度降低。图 5-17 为牵伸 2.3 倍时聚酰亚胺纤维在不同测试频率下的 DMA 曲线，可以看出随着测试频率的增加，纤维的玻璃化转变温度由 363℃ 增加至 386℃，玻璃化转变峰的强度降低。利用 Arrhenius 方程可以求得聚酰亚胺纤维的玻璃化转变活化能 $E_a$：

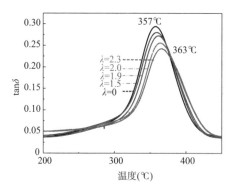

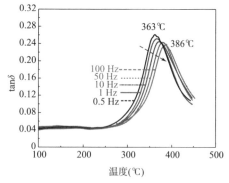

图 5-16　不同牵伸倍数聚酰亚胺纤维的<br>DMA 曲线

图 5-17　不同频率下聚酰亚胺纤维 tan δ<br>的变化

$$f = f_0 \exp \frac{-E_a}{RT} \Rightarrow \ln f = \ln f_0 - \frac{E_a}{RT}$$

其中，$E_a$ 为玻璃化转变活化能，$f$ 为测试频率。图 5–18 为未牵伸纤维和牵伸 2.3 倍纤维玻璃化转变温度对数值与测试频率的变化关系，由拟合直线的斜率可以求得两种纤维玻璃化转变的活化能 $E_a$ 分别为 501 kJ/mol 和887 kJ/mol。经过高倍牵伸处理后聚酰亚胺纤维的玻璃化转变活化能明显提高，这主要得益于纤维取向度和结晶度的提高。

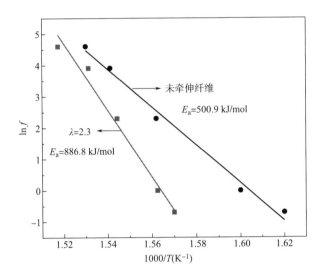

图 5–18　玻璃化转变温度对数值与测试频率的关系

# 参考文献

［1］ 舒亚莎. 周嘉珊，赵莎莎，等. 双酚 A 型二胺和二酐合成可溶性聚酰亚胺的研究 ［J］. 胶体与聚合物，2011，29（1）：15–18.

［2］ MA T, ZHANG S, Li Y, et al. Synthesis and characterization of soluble polyimides based on a new fluorinated diamine : 4–Phenyl–2，6–bis ［3–（4′–amino–2′–trifluoromethyl–phenoxy）phenyl］ pyridine ［J］. Journal of Fluorine Chemistry, 2010, 131（6）：724–730.

［3］ CHOI H, CHUNG I S, HONG K, et al. Soluble polyimides from unsymmetrical diamine containing benzimidazole ring and trifluoromethyl pendent group ［J］. Polymer, 2008, 49（11）：2644–2649.

［4］ WANG C Y, LI G, JIANG J M. Synthesis and properties of fluorinated poly（ether ketone imide）s based on a new unsymmetrical and concoplanar diamine：3，5-Dimethyl-4-（4-amino-2-trifluoromethylphenoxy）-4'-aminobenzophenone［J］. Polymer，2009，50（7）：1709-1716.

［5］YANG F，LI Y，MA T，et al. Synthesis and characterization of fluorinated polyimides derived from novel unsymmetrical diamine［J］. Journal of Fluorine Chemistry，2010，131（7）：767-775.

［6］XIA Q，LIU J，DONG J，et al. Synthesis and characterization of high - performance polyimides based on 6，4'-diamino-2-phenylbenzimidazole［J］. Journal of Applied Polymer Science，2013，129（1）：145-151.

［7］LIU X，GAO G，DONG L，et al. Correlation between hydrogen-bonding interaction and mechanical properties of polyimide fibers［J］. Polymers for Advanced Technologies，2009，20（4）：362-366.

［8］CHUNG I S，PARK C E，REE M，et al. Soluble polyimides containing benzimidazole rings for interlevel dielectrics［J］. Chemistry of Materiells，2001，13（9）：2801-2806.

［9］KANEDA T，KATSURA T，NAKAGAWA K，et al. High-strength‐high-modulus polyimide fibers I. one-step synthesis of spinnable polyimides［J］. Journal of Applied Polymer Science，1986，32（1）：3133-3149.

［10］LEE S K，CHENG S Z D，WU Z，et al. Molecular weight and concentration effects on gel/sol transitions in a segmented rigid-rod polyimide solution［J］. Polymer International，1993，30（1）：115-122.

［11］SAKAGUCHI Y，KATO Y. Synthesis of polyimide and poly（imide-benzoxazole）in polyphosphoric acid［J］. Journal of Polymer Science Part A-Polymer Chemistry，1993，31（4）：1029-1033.

［12］高克卿. 多聚磷酸中聚酰亚胺纤维的制备及性能研究［D］. 哈尔滨：哈尔滨工业大学，2010.

［13］JIN L，ZHANG Q，XU Y，et al. Homogenous one-pot synthesis of polyimides in polyphosphoric acid［J］. European Polymer Journal，2009，45（10）：2805-2811.

［14］KUZNETSOV A A. One-pot polyimide synthesis in carboxylic acid medium［J］. High Performance Polymers，2000，12：445-460.

［15］KUZNETSOV A A，YABLOKOVA M YU，BUZIN P V，et al. New alternating copolyimides by high temperature synthesis in benzoic acid medium［J］. High Performance Polymers，2004，16：89-100.

［16］HASANAIN F，WANG Z Y. New one-step synthesis of polyimides in salicylic acid［J］. Polymer，2008，49：831-835.

［17］DONG J，YIN C，ZHANG Y，et al. Gel-sol transition for soluble polyimide solution［J］. Journal of Polymer Science Part B-Polymer Physics，2014，52（6）：450-459.

［18］LUE A，ZHANG L. Investigation of the scaling law on cellulose solution prepared at low temperature［J］. The Journal of Physical Chemistry，2008，112（15）：4488-4495.

# 第6章　聚酰亚胺纤维的结构与性能

　　长久以来，结构与性能关系一直都是材料科学领域的重要研究内容，建立材料结构与性能的关系，对于优化加工工艺，提升材料性能具有重要意义。纤维不同于其他高聚物材料的特性，是由其几何尺寸小（细度可达几微米至几十微米）以及结构和性能存在显著的各向异性所决定的，后者与成纤高聚物大分子的链状或层状结构、单轴取向和高度有序结构有关。纤维本身在化学组成和结构上的多样性以及纺丝工艺的多变性，大大增加了纤维结构的复杂程度。对于纤维结构的认识，既可以小到微观分子组成，也可以大到纤维本身的宏观形貌结构，可以是纤维内部的组成与结构，也可以是纤维表层或表面结构与组成等。

　　聚酰亚胺纤维作为高性能聚合物纤维的重要品种之一，具备优异的力学性能，突出的耐高温稳定性、耐射线辐照性、耐溶剂腐蚀性，以及极佳的尺寸稳定性。相对于芳香族聚酰胺纤维而言，聚酰亚胺纤维的耐高温等级（可在 500 ~ 600℃保持良好的力学性能）和耐紫外辐照稳定性更高。这些优异的综合性能依赖于聚酰亚胺分子链的化学组成、纤维的形态和凝聚态结构。对于聚合物纤维来说，其结构本身具有多层次性和多样性，决定其最终性能的结构因素主要包括三个方面，首先是聚合物本身的化学结构，也称为近程结构，包括链节的化学组成、键结方式、空间立构、键接序列以及支化和交联等。聚酰亚胺化学结构丰富，可根据实际的加工和应用需求，选择不同的单体合成结构各异的聚酰亚胺，这种化学结构的可设计性和可调性也是聚酰亚胺纤维的重要特征之一。其次，特殊的聚合物分子链间（或分子链内）会形成氢键、范德瓦耳斯力等弱键作用，从而影响分子链的排列和纤维的最终性能[1]。以芳香族聚酰胺（PPTA）纤维为例[2]，PPTA 分子链为棒状伸直链构象，分子链内相邻共轭基团间的共价键作用，使酰氨基和对苯二甲基能在一个平面内稳定共存，而 PPTA 分子链间则是通过中等强度的氢键使聚合物链平行堆砌，形成片状微晶，这样的氢键平面像紧密堆砌的金属晶格一样起着滑移面的作用，使之在外场作用下容易形成液晶，从而赋予纤维内部分子链较高的取向度和结晶度；然而，相邻的氢键平面之间通过较弱的范德瓦耳斯力相结合，在外力作用下，PPTA 大分子容易沿纤维纵向开裂产生原纤化。对于聚酰亚胺纤维而言，高度共轭的酰亚胺环和苯环，以及分子链间（或链内）存在的氢键和范德瓦耳斯力，对分子链的紧密堆砌及纤维微观结构和性能具有的重要影响，将在本章节详细介绍。除上述两种因素外，聚合物纤维的力学、耐热、耐辐照、耐溶剂腐蚀和尺寸稳定性等性能还取决于纤维内部分子链沿纤维轴向的取向及二维有序排列情况，即凝聚态结构。与 PPTA、PBO 等纤维不同[3]，聚酰亚胺是典型的半结晶型聚合物，初生纤维只有经过高温热牵伸处理，其无定形区分子链才会沿纤维轴向取向、结晶，提高纤维的结晶度和取向度，才可得到高性能聚酰亚胺纤维。

Ando 等人[4]认为聚酰亚胺分子链结构可用横截面为矩形的条带表达，在掠入式 X 射线（X-ray）图像中多表现为无定形结构，即分子链难以紧密堆积形成三维有序的结晶结构。而 Saraf 等人[5]则认为，聚酰亚胺材料内部更倾向于形成一种介于晶体和无定形结构之间的"近似液晶有序区"（Liquid Crystalline-like），相对于完善的晶体，尽管分子链上二酐和二胺单元缩减表现为有序结构，但存在一定的无序性和错乱性；而相对完全无序结构，却有一定的规整性和有序性。可见，聚酰亚胺纤维微观结构较为复杂，而理解此类结构与纤维性能的关系，对于优化材料加工方法，提升纤维综合性能，拓展应用领域具有重要意义。本章节针对聚酰亚胺纤维化学结构、分子链间多层次作用和凝聚态及微缺陷结构与纤维综合性能间的相互关系展开系统讨论，以便读者更深入理解此类高性能纤维的构效关系。

## 6.1　化学组成与纤维的结构和性能的关系

化学结构是影响聚酰亚胺纤维结构和性能最本质的因素。合成聚酰亚胺的单体主要为二元酐和二元胺，来源广泛、品种繁多，这为聚酰亚胺的分子设计提供了可能，可根据对材料性能的要求，灵活地进行聚酰亚胺的分子结构设计，这相对于其他高性能芳香族聚合物［如聚苯并咪唑（PBI）、聚苯并噁唑（PBO）和聚（2,5-二羟基-1,4-苯撑吡啶并二咪唑），PIPD］具有不可比拟的优点。目前，真正实现工业化生产的聚酰亚胺纤维主要是利用均苯四甲酸酐（PMDA）、3,3',4,4'-联苯四酸二酐（BPDA）和 3,3',4,4'-二苯甲酮四酸二酐（BTDA）及商业化二胺单体制备，本章节主要以这三种二酐为主线，阐述不同化学结构的聚酰亚胺纤维在加工成型中形成的凝聚态结构。

### 6.1.1　BPDA—*p*PDA 结构聚酰亚胺纤维

BPDA—*p*PDA 结构聚酰亚胺最早是由日本宇部兴产公司于 20 世纪 70 年代开发的，薄膜的商品名为 Upilex-S，具有优异的力学、电学、热学和光学性能，广泛应用于微电子、航空航天和机械、化工等领域。BPDA—*p*PDA 具有全刚性的化学结构，链间缠结较少，分子链中苯环和酰亚胺环倾向于形成共平面构象，实现密堆积，可用于制备高强度高模量的聚酰亚胺纤维。Yoon 等人利用 X 射线测试研究发现，BPDA—*p*PDA 结构聚酰亚胺的晶胞结构为正交晶系，具有 *Pba2* 型空间群，晶胞参数为 $a=0.862$ nm，$b=0.627$ nm，$c$（纤维轴向）$=3.1986$ nm[6]。在利用同步辐射技术研究该结构聚酰亚胺纤维时发现（图 6-1），在赤道线方向，存在（*110*）、（*200*）、（*210*）晶面，晶面间距分别为 4.8Å、4.2Å 和 3.5Å，而在沿纤维轴向子午线方向，出现了（*004*）、（*008*）、（*0010*）、（*0014*）和（*0016*）晶面，对应的晶面间距分别为 7.9Å、4.0Å、3.2Å、2.3Å 和 2.0Å，表明分子链沿纤维轴向高度取向，并且纤维内部存在周期性层状结构[7]。

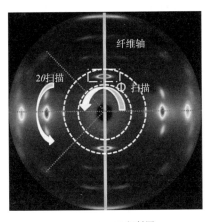

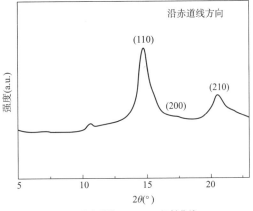

(a) 2D WAXD衍射图　　　　　　(b) 沿赤道线1D WAXD衍射曲线

图 6-1　BPDA—PDA 结构聚酰亚胺纤维的 2D WAXD 衍射图及
沿赤道线 1D WAXD 衍射曲线

Kazuhiro Takizawa 等人[8]则认为 BPDA—PDA 结构聚酰亚胺属于伪刚性模型结构，在 $q=7.9$ nm⁻¹ 及 $q=19.8$ nm⁻¹ 处有明显的衍射峰，由于 BPDA—PDA 属于正交晶系，因此，这两处峰分属于沿分子链方向（$c$ 轴）的（*004*）晶面和（*0010*）晶面。而在 $q=12.7$ nm⁻¹ 及 $q=17.8$ nm⁻¹ 处的峰分别归属于（*110*）晶面和（*210*）晶面，代表分子之间沿着垂直于 $c$ 轴的 $a$ 和 $b$ 轴方向有序排布。因此，BPDA—PDA 结构聚酰亚胺具有高度有序的结晶区域。他们在给该结构材料施加不同的压力之后发现，随着压力升高到 6.8 GPa 时,（110）晶面衍射峰明显减弱，而垂直于纤维轴向方向几乎无变化，表明在压力作用下垂直于 PI 分子主链方向更容易被压缩。由于 BPDA—PDA 是伪刚性模型结构，无法发生键的弯曲,（110）晶面收缩则是由于结晶区域的变化所致。

由上述分析不难看出，BPDA—PDA 结构聚酰亚胺分子链易于形成高度有序的结晶结构，从而赋予纤维优异的力学性能。然而，事实上，当采用 NMP 为溶剂，以 $H_2O$ 为凝固浴，固含量为 13.5% 的纺丝溶液经湿法纺丝纺制初生纤维，再经热环化和热牵伸处理制备的 BPDA—PDA 结构聚酰亚胺纤维，其强度仅为 1.01 GPa，模量为 64 GPa，远低于纤维的理论强度。利用 SEM 研究发现，初生纤维呈现典型的"皮—芯"结构（图 6-2），其中表层厚度约 1.5μm，这种表层致密、内部疏松多孔的结构是纤维性能不佳的主要原因。

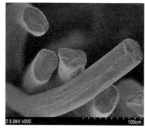 

(a) 凝固浴为 $H_2O$ 凝固成形的截面　　(b) 典型的"皮—芯"结构　　(c) 纤维芯层形貌
　　形貌

图 6-2　BPDA—PDA 结构聚酰亚胺前驱体纤维的 SEM 图

为改善聚酰亚胺在凝固过程中的双扩散过程，研究发现利用乙酸酐 / 三乙胺为环化剂对纺丝溶液进行预处理得到部分环化的纺丝溶液，可有效抑制纤维纺丝成型中"皮—芯"结构的形成[7]，如图 6-3 所示。可见，预环化处理明显改善了聚酰亚胺纤维的微观形态，纤维呈现规则的圆形截面，光滑致密，无明显孔洞。这主要是由于纺丝溶液中部分聚酰胺酸转变为刚性更强的聚酰亚胺，减弱了聚合物与溶剂间的作用，在纤维凝固时，溶剂的扩散速率与凝固剂的扩散速率相当，从而有效抑制致密芯层的快速形成。

对比未经预处理的纤维，利用乙酸酐 / 三乙胺预环化处理的聚酰亚胺纤维具有相似的结晶结构，如图 6-4 所示，结晶结构为正交晶系，在赤道线方向 $2\theta = 10.5°$，14.7°，17.2° 和 20.6° 处出现（110）晶面、（200）晶面、（210）

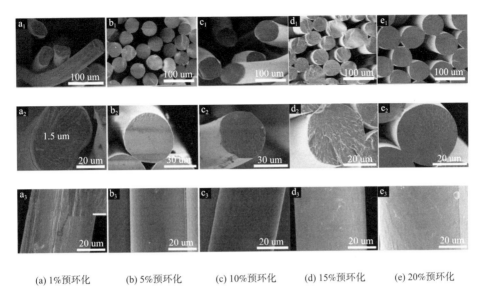

(a) 1%预环化　　(b) 5%预环化　　(c) 10%预环化　　(d) 15%预环化　　(e) 20%预环化

图 6-3　不同预环化处理 BPDA—PDA 结构聚酰亚胺前驱体纤维 SEM 照片

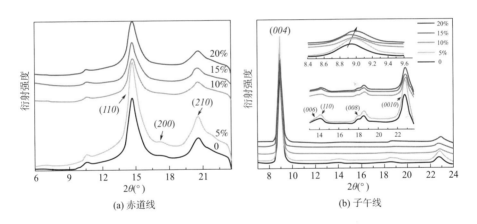

(a) 赤道线　　　　　　　　　　　　　　　(b) 子午线

图 6-4　不同预环化程度聚酰亚胺纤维的 1D WAXD 衍射图

晶面，子午线方向 $2\theta=8.9°$，$13.5°$，$17.9°$ 和 $22.7°$ 处出现（$004$）晶面、
（$006$）晶面、（$008$）晶面和（$0010$）晶面，表明预环化处理并未改变
BPDA—PDA 结构聚酰亚胺纤维的结晶结构。利用 Hermans 取向方程及积分
方程分别研究不同预处理纤维的结晶度和晶区分子链取向度，如图 6-5（a）
所示，5% 预环化聚酰亚胺纤维的结晶度和取向度分别达到 60% 和 0.92，其
中结晶度是未预处理纤维的 2 倍，这主要是由于初生纤维中部分刚性的聚酰
亚胺具有良好的分子链取向，在热处理过程中更有利于形成有序的分子链

堆砌。这种完善的结晶结构和取向态结构赋予纤维更优异的力学性能，如图 6-5（b）所示，5% 预环化聚酰亚胺纤维的拉伸强度为 1.70 GPa，模量为 95 GPa，相对于未预处理的纤维而言，强度和模量分别提高了 70% 和 48%。同时，该系列纤维的起始分解温度均超过 550℃，玻璃化转变温度 $T_g>450℃$。这一研究结果为优化聚酰亚胺纤维湿法纺丝成形工艺，提升该类纤维力学性能提供了新思路。

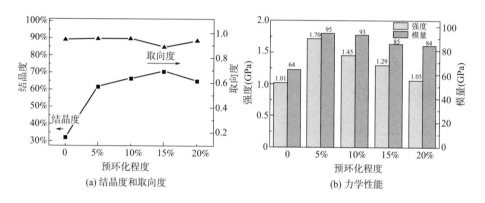

(a) 结晶度和取向度　　　　　　(b) 力学性能

图 6-5　不同预环化程度聚酰亚胺纤维的结晶度和取向度及力学性能

为改善 BPDA—pPDA 聚酰亚胺在纺丝成形中的形态结构和纤维最终性能，除上述利用化学环化剂对聚合物进行预处理外，在分子主链中共聚引入第三单体，制备共聚型聚酰亚胺纤维也被证明是一种行之有效的方法，这类第三单体通常包括含醚键的 4,4'- 二氨基二苯醚（ODA）[9]，2-（4- 氨基苯基）-5- 氨基苯并咪唑（BIA）[10] 和 2,5- 双（4- 氨基苯基）- 嘧啶（2,5-PRM）[11] 等二胺单体。北京化工大学武德珍教授等人[9] 的研究结果表明，向 BPDA—pPDA 结构中共聚引入摩尔分数为 50% 的 ODA，纤维结晶结构被破坏，内部微孔尺寸明显减小，纤维的拉伸强度提高了 2.7 倍，然而，这种柔性单元的引入往往会造成纤维模量和耐热性能的大幅度降低，难以满足纤维在苛刻环境中的应用要求。近年来，利用杂环单体共聚改性成为研究的热点和重点。以 PRM 单体为例，含 PRM 结构聚酰亚胺纤维最早由苏联 Sukhanova 等人[12] 报道，含嘧啶杂环二胺聚酰亚胺纤维具有更为规整的微纤结构和更小的缺陷，如图 6-6 所示，这种微观形貌成为决定纤维高强高模的一个重要因素。在纤维弯折实验中发现，引入 2,5-PRM 的共聚聚酰亚胺纤维弯折时发生部分断裂，同时沿纤维轴向分裂，而且分裂长度随着 2,5-PRM 含量的增加而呈现增加的趋势，这种轴向分裂明显有利于纤维对弯折作用的

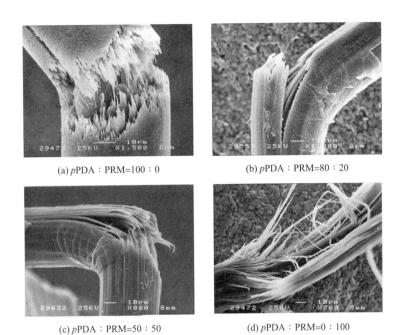

(a) $p$PDA：PRM=100：0

(b) $p$PDA：PRM=80：20

(c) $p$PDA：PRM=50：50

(d) $p$PDA：PRM=0：100

图 6-6　含 PRM 单体均聚和共聚聚酰亚胺纤维的弯折 SEM 照片

耐受性和热力学性能的提升。

　　东华大学张清华等人[11]将 PRM 单体共聚引入 BPDA—$p$PDA 结构聚酰亚胺纤维中，研究了不同摩尔比 $p$PDA/PRM 对纤维结构与性能的影响，在图 6-7 中可观察到 BPDA—PDA 结构的初生纤维表面具有大量沟槽和孔缺陷，

(a) $p$PDA/PRM=0/10

(b) $p$PDA/PRM=3/7

(c) $p$PDA/PRM=5/5

(d) $p$PDA/PRM=7/3

(e) $p$PDA/PRM=9/1

(f) $p$PDA/PRM=10/0

图 6-7　不同二胺摩尔比 $p$PDA/PRM 初生纤维的表面形貌

而引入 PRM 单体后纤维表面逐渐光滑致密。而对于 BPDA—PRM/*p*PDA（比例分别为 7/3，5/5 和 3/7）纤维而言，表面出现明显的原纤化现象，主要是由微纤结构引起，直径为 0.05 ~ 0.1 μm，而这些微纤可形成纤维束之间的连接，提高纤维的力学性能。

对该系列纤维内分子链的堆积和排列更深刻的认识来自对纤维的 WAXD 的研究，如图 6-8 所示，可以发现，BPDA—PRM 结构纤维在 $2\theta=14.8°$、$16.9°$、$20.9°$ 有明显的衍射峰，对应晶面间距分别为 0.48 nm、0.42 nm 和 0.34 nm；BPDA—PPD 结构纤维在 $2\theta=10.6°$、$14.7°$、$20.5°$ 有三个衍射峰，对应晶面间距分别为 0.67 nm、0.48 nm 和 0.35 nm；对于共聚纤维而言，赤道线方向的衍射峰逐渐消失，形成弥散的衍射弧，主要是由于无规共聚合的方式破坏了分子链的有序堆砌，形成无定形区域。而沿子午线方向，（*001*）晶面依然存在，表明纤维内部分子链沿纤维轴向高度取向，其晶区分子链取向度见表 6-1，Hermas 取向因子介于 0.84 ~ 0.97。

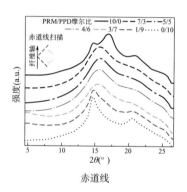

图 6-8　BPDA—PRM/*p*PDA 结构聚酰亚胺纤维的 1D WAXD 曲线

表 6-1　BPDA—PRM/*p*PDA 结构聚酰亚胺纤维结晶区分子链取向度

| PRM/PPD 摩尔比 | 10/0 | 7/3 | 5/5 | 4/6 | 3/7 | 1/9 | 0/10 |
|---|---|---|---|---|---|---|---|
| 取向度 | 0.90 | 0.95 | 0.97 | 0.97 | 0.96 | 0.93 | 0.84 |

所制备的该系列聚酰亚胺纤维表现出极佳的力学性能（图 6-9），当 PRM/*p*PDA 摩尔比为 5/5 时，纤维拉伸力学性能最佳，拉伸强度、模量分别达 3.11 GPa，144.3 GPa。对比纤维聚集态、缺陷结构发现，该结构共聚纤维具有相应最高的取向度，最小的微孔取向偏离角，且纤维结构致密，微孔尺寸较小，可以认为这些综合因素赋予纤维优异的机械性能。综合比较发现，

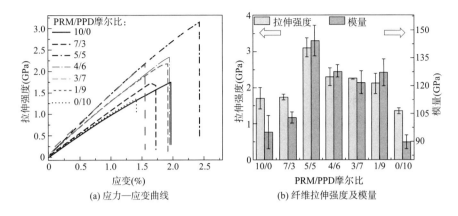

图 6-9　不同摩尔比 PRM/*p*PDA 聚酰亚胺纤维力学性能

BPDA—PRM/*p*PDA 系列聚酰亚胺纤维的比强度和比模量超过高模量的 Kevlar 49 纤维，将极大扩展其在复合材料、航空航天等领域的应用潜力。

除 PRM 单体外，北京化工大学武德珍教授课题组合成一种特殊的二胺单体，2-（4- 氨基苯基）-6- 氨基 -4（3H）- 喹唑啉酮（AAQ），并将其引入 BPDA—*p*PDA 结构聚酰亚胺纤维中。随着分子链中刚性结构二胺单体 AAQ 含量的提高，纤维发生晶态结构的转变，而且相对于均聚 BPDA/PDA 纤维而言，共聚纤维具有更高的分子链取向程度和优异的力学性能（表6-2），这主要是由于 BPDA/PDA 链节具有更强的结晶能力，因而在纤维制备中含有大量无定形区的共聚聚酰亚胺纤维更容易被牵伸取向，分子链取向程度更高。

表 6-2　BPDA—*p*PDA/AAQ 结构聚酰亚胺纤维的力学性能

| 纤维样品 | AAQ：PDA | 氢键化程度（％） | 强度（GPa） | 模量（GPa） | 断裂伸长率（％） | $T_g$（℃） |
|---|---|---|---|---|---|---|
| co–PI–0 | 0：10 | 19.69 | 1.2 | 64.4 | 2.1 | 338.3 |
| co–PI–1 | 1：9 | 41.47 | 1.3 | 67.2 | 2.3 | 341.3 |
| co–PI–2 | 3：7 | 41.99 | 2.7 | 104.8 | 3.1 | 363.4 |
| co–PI–3 | 5：5 | 42.46 | 2.8 | 115.2 | 3.1 | 382.4 |
| co–PI–4 | 7：3 | 48.73 | 2.7 | 113.1 | 2.7 | 400.1 |
| co–PI–5 | 9：1 | 53.58 | 1.9 | 104.3 | 2.0 | 400.7 |

### 6.1.2 PMDA—ODA 结构聚酰亚胺纤维

由均苯四甲酸二酐（PMDA）和 4,4- 二氨基二苯醚（ODA）为单体制备的 Kapton 聚酰亚胺薄膜是聚酰亚胺材料中最具代表性的产品，因其突出的综合性能也是目前应用最广泛的聚酰亚胺材料，引起了国内外大量研究者的关注并展开了大量深入的研究。东华大学和中科院长春应用化学研究所等相关机构对该结构聚酰亚胺纤维的结构与性能做了大量研究[13-14]，目前，东华大学与江苏奥神新材料股份有限公司合作，长春应化所和长春高琦聚酰亚胺材料有限公司合作，分别采用干法纺丝和湿法纺丝技术，实现了 PMDA—ODA 结构聚酰亚胺纤维的产业化，注册商品名分别为甲纶 Suplon® 和轶纶® 纤维，目前已在高温过滤、特种防护、尖端武器装备和航空航天等领域发挥重要作用。

聚酰亚胺的干法纺丝是制备聚酰亚胺纤维的有效途径，与湿法纺丝相比，更高效、更环保。与其他聚合物的干法纺丝相比，其不同之处在于，干法纺丝过程中纺丝浆液在纺丝甬道中会经历高温处理，因此，其在纺丝过程中就会发生环化反应，形成聚酰胺酸—聚酰亚胺的混合物。可以说是一种化学反应型纺丝手段，因此，在一定意义上，它能克服聚酰胺酸的不稳定性（如降解）等问题。通过不断的探索与尝试，已建成年产 1000 t 高性能聚酰亚胺纤维生产线。利用 X 射线测试详细研究了该结构聚酰亚胺纤维内部大分子的排列与堆积[15-16]，如图 6-10（b）所示，子午线上可以看到清晰的层状结构的衍射斑点，表明分子链沿纤维轴向高度取向，而在赤道线方向在 $q = 10.1 \ nm^{-1}$ 处出现了（101/103）晶面、（010）晶面和（110）晶面衍射峰，且衍射峰强度增强，表明纤维内部形成三维有序的结晶结构，晶区分子链

(a) 干法纺丝 PMDA—ODA 结构甲纶
Suplon®

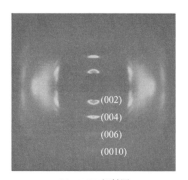

(b) WAXD 衍射图

图 6-10　干法纺丝 PMDA—ODA 结构甲纶 Suplon® 聚酰亚胺纤维及其 WAXD 衍射图

Hermans' 取向因子可达到 0.93。

聚酰亚胺纤维成为高性能纤维的重要原因就是其具有良好的热稳定性，优于聚酰胺纤维如 Kevlar，这是由其本身的化学结构决定的。图 6-11 是 PMDA—ODA 结构聚酰亚胺纤维在 5℃ /min 的升温速率下，分别在空气和氮气氛围下的热失重情况。在氮气氛围中，聚酰亚胺纤维的失重 5% 和 10% 温度分别在 565℃和 574℃，在 830℃时的残留率为 43%；在空气氛围中，失重 5% 和 10% 温度分别在 560℃和 570℃。可见，聚酰亚胺纤维具有优异的热稳定性，可满足材料在高温作业环境的要求。

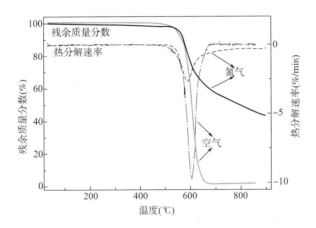

图 6-11　聚酰亚胺纤维在 N₂ 及空气氛围中 TGA 和 DTG 曲线

图 6-12 对比了几种耐热型聚合物纤维的热力学性能，从图中可以看出，虽然 P84 纤维和间位芳纶在 260℃之前的力学损耗都很低，但在高于 300℃的环境中，这两种纤维的力学损耗开始迅速上升，在温度达到 400℃之后动态力学测试（DMA）都因为纤维断裂而导致实验终止。而对于 PMDA—ODA 型的聚酰亚胺纤维来说，在温度小于 300℃时，力学损耗很小，高于 300℃之后力学损耗才开始增加，并在 390℃达到力学损耗的峰值，温度再增加时力学损耗则开始下降，说明 PMDA—ODA 聚酰亚胺纤维的热力学性能要优于 P84 和芳纶 1313 纤维。

聚酰亚胺纤维在不同测试频率下的 DMA 曲线如图 6-13（a）所示，随着测试频率的增加，纤维的玻璃化转变温度和次级转变温度均向高温方向移动。利用 Arrhenius 方程对数据拟合处理，可获得玻璃化转变和次级转变的活化能 [图 6-13（b）] 分别为 981 kJ/mol 和 346 kJ/mol。其中 PMDA—ODA 聚酰亚胺纤维的玻璃化转变活化能明显高于 BPDA—PFMB 体系（800 kJ/mol），

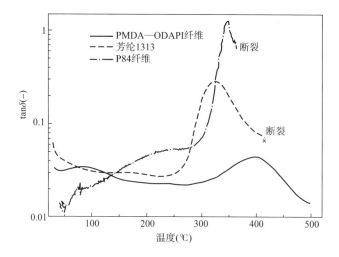

图 6-12　PMDA—ODA 聚酰亚胺纤维、芳纶 1313 和 P84 纤维的 DMA 曲线

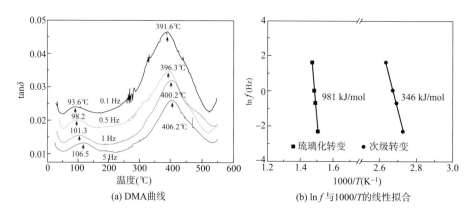

(a) DMA曲线　　　　　　　　(b) ln*f* 与 1000/*T* 的线性拟合

图 6-13　PMDA—ODA 结构聚酰亚胺纤维在不同测试频率下的 DMA 曲线以及玻璃化转变
和次级转变 ln*f* 与 1000/*T* 的线性拟合

主要得益于 PMDA—ODA 大分子链更容易形成紧密有序的堆积，形成三维有序的结晶结构。

　　目前，虽然 PMDA—ODA 结构的聚酰亚胺纤维已实现产业化生产，但是纤维材料的应用多数局限在高温防护和高温过滤等领域，这主要是由于纤维的力学性能不佳造成的。近年来，通过改性措施，大量研究着力于提升纤维的力学性能。例如，四川大学顾宜教授课题组通过共聚方法将含苯并咪唑杂环结构的 BIA 引入聚合物主链中，纤维的力学性能和耐热性能得到大幅度提高，见表 6-3[17]。

表 6–3　不同 BIA/ODA 摩尔比 PMDA—BIA/ODA 聚酰亚胺纤维的力学性能

| 样品 | 二胺摩尔比（BIA/ODA） | 拉伸强度（GPa） | 初始模量（GPa） | 伸长率（%） |
|------|------|------|------|------|
| PI–0 | 0：10 | 0.61 | 8.5 | 9.0 |
| PI–1 | 3：7 | 0.92 | 56.6 | 6.6 |
| PI–2 | 5：5 | 1.26 | 130.9 | 5.8 |
| PI–3 | 7：3 | 1.53 | 220.5 | 3.2 |

## 6.2　分子链间（内）作用对纤维结构与性能的影响

除化学组成外，为了提高聚合物纤维的机械性能，一般而言，在聚合物分子主链引入芳香类杂环结构从而提高分子链的刚性或引入额外的分子间作用力，例如，氢键作用、交联作用等，被认为是最有效的两种途径。这两种方法的有效性已经在商业化的高性能聚合物纤维中得到证实，例如，Kevlar、聚苯并噻唑纤维（PBT）、聚苯并咪唑纤维（PBI）和聚［2,5- 二羟基 -1,4- 苯并吡啶并二咪唑］（PIPD）纤维等（图 6–14）。以 PIPD 纤维为例[18]，PIPD 分子链的重复单元 2,5- 二羟基苯并环的两侧含有—OH 官能团，双咪唑吡啶环系的含有—NH 官能团，这使聚合物呈现二维结构；2,5- 二羟基苯基上的羟基与相邻双咪唑吡啶环上的 N 原子产生 O—H···N 双向氢键，从单分子角度来说，形成了梯状结构，即分子内氢键。双咪唑吡啶上的两个—NH 可以与相邻分子链上的 O 原子形成 N—H···O 氢键，即分子间氢键，分子链形成由氢键作用构筑的三斜、单斜的晶胞类型经热处理后的 PIPD 纤维内部形成双向氢键网络结构，这种特殊的氢键网络结构能使刚性棒状的分

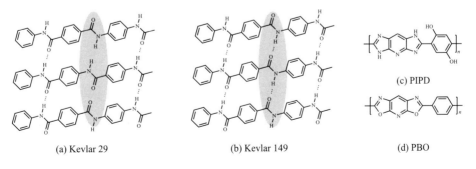

图 6–14　Kevlar 29、Kevlar 149、PIPD 和 PBO 纤维的化学结构及氢键作用

子链间的作用力提高，最终使纤维的抗压强度高达 1.7 GPa。同样，对于聚酰亚胺纤维而言，引入氢键或范德瓦耳斯力多层次作用已被证明是一种提高纤维力学性能行之有效的途径。

### 6.2.1　氢键作用

在聚酰亚胺分子链中引入能够提供额外的分子链间相互作用的单元，使分子链间或链内形成相互作用，促进局部分子链有序排列甚至形成结晶结构，有望大幅度提升纤维的力学性能。氢键作用是非化学键作用中最强的一种分子间相互作用。对于聚酰亚胺纤维而言，酰亚胺环中存在大量的氢键受体，即羰基（C＝O），在分子结构设计中，只需要引入质子供体就可在聚合物分子链间形成氢键作用，而这些质子供体通常包括胺、酰胺、芳香羧酸和酚等。

东华大学张清华等人[19]将 BIA 引入 BTDA—TFMB 结构聚酰亚胺中，通过高温一步合成及湿法纺丝工艺制备了一系列 BTDA—TFMB/BIA 结构的聚酰亚胺纤维，在 FTIR 中可以发现，在 3700 ~ 3000 cm$^{-1}$ 存在 N—H 伸缩振动峰，而且该特征峰宽而弥散，强度随 BIA 含量的增加而增大，表明咪唑环中 N—H 参与了氢键的形成。通过分析 N—H 键和 C＝O 键波数的改变来研究聚酰亚胺分子链间氢键的形成，图 6–15（a）显示了不同摩尔比 TFMB/BIA 纤维样品在 1800 ~ 1600 cm$^{-1}$ 羰基的伸缩振动。对于含 3,3',4,4'- 二苯酮四酸二酐（BTDA）的聚酰亚胺，在该波长区间会出现三个特征峰：在 1780 cm$^{-1}$ 和 1720 cm$^{-1}$ 处，表示酰亚胺环中羰基的对称和非对称伸缩振动峰；1670 cm$^{-1}$ 处代表 BTDA 结构中二苯酮羰基的伸缩振动峰。可以看出，随着 BIA 含量的增加，酰亚胺环中羰基的对称伸缩振动峰由 1781 cm$^{-1}$ 位移至 1778 cm$^{-1}$ 处，同时，非对称伸缩振动峰由 1724 cm$^{-1}$ 位移至 1716 cm$^{-1}$，然而，二苯酮羰基的伸缩振动峰并未发生变化，说明只有酰亚胺环中的羰基参与了氢键的形成。图 6–15（b）为苯并咪唑环中—N—H—基团伸缩振动峰的变化，同样，随着 BIA 含量的增加，—N—H—基团伸缩振动峰由 3353 cm$^{-1}$ 位移至 3377 cm$^{-1}$，而位于 3066 cm$^{-1}$ 处苯环上 C—H 伸缩振动峰位未发生改变，上述结果说明苯并咪唑环中—N—H—基团与酰亚胺环中—C＝O 形成氢键作用，而二苯酮羰基并未参与氢键的形成。图 6–15（c）为 TFMB/BIA=10/90 样品在不同温度下 3000 ~ 3500 cm$^{-1}$ —N—H—基团伸缩振动峰的变化，可以看出，随着温度的升高，—N—H—基团伸缩振动峰由 3384 cm$^{-1}$ 逐渐位移至 3350 cm$^{-1}$，众所周知，聚合物分子链间氢键对温度具有较强的敏感性，上述结果进一步证明了 BIA 单体的引入使得聚酰亚胺分子链间产生氢键相互作用，如图 6-15（d）所示，这对于聚酰亚胺纤维性能的改善具有重要意义。

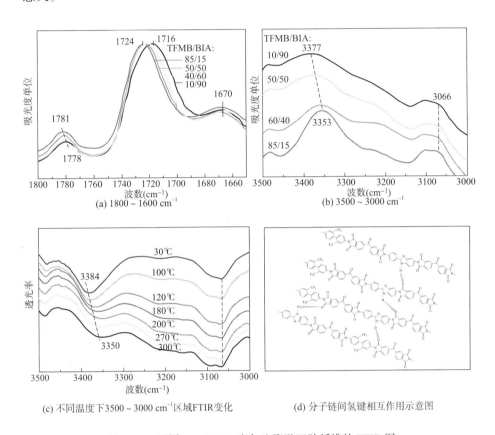

图 6-15　不同 TFMB/BIA 摩尔比聚酰亚胺纤维的 FTIR 图

　　酰亚胺环中的羰基 C＝O 参与了聚酰亚胺分子链间氢键的形成，并反映在 FTIR 谱图中，羰基伸缩振动峰向低波长迁移。以此为基础，可以通过对 1700 ~ 1750 cm$^{-1}$ 红外光谱进行分峰处理，从而区别自由羰基与氢键化羰基[20]。分峰前必须对目标峰中所包含的重叠峰进行归属。图 6-16 给出了不同二胺比例聚酰亚胺纤维在 1700 ~ 1750 cm$^{-1}$ FTIR 图谱以及相关羰基峰的分峰处理结果。在该波长区间内主要存在四种羰基吸收峰：a（1736 ~ 1741 cm$^{-1}$）和 d（1709 cm$^{-1}$）为交联分子链中 C＝O 的对称和非对称伸缩振动峰；b（1727 ~ 1729 cm$^{-1}$）为自由态羰基；c（1716 ~ 1719 cm$^{-1}$）为氢键化羰基。因此，可以利用峰 c 面积的比例定量表征不同样品氢键化程度，如

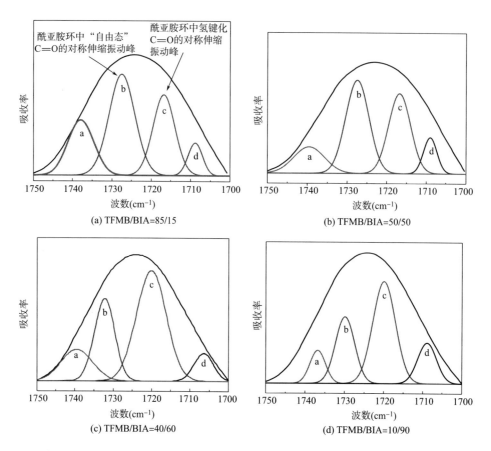

图 6-16 BTDA-TFMB/BIA 聚酰亚胺纤维 FTIR 谱图在 1750 ~ 1700 cm⁻¹ 分峰结果

式（6-1）所示：

$$氢键化程度（\%）= I_c /（I_c + I_b）\qquad 式（6-1）$$

式中：$I_b$ 和 $I_c$ 分别表示自由态羰基和氢键化羰基吸收峰面积。经过计算，可以得到 TFMB/BIA = 85/15、50/50、40/60 和 10/90 纤维样品的氢键化程度分别为 40%、44%、64% 和 66%。很明显，随着 BIA 含量的提高，纤维内部分子链间氢键化程度增加。

上述分子链间强烈的氢键作用在提高纤维力学性能方面扮演了重要角色。图 6-17 为四种聚酰亚胺初生纤维的应力—应变曲线，随着 BIA 添加量的增加，拉伸强度由 1.37 GPa 提高至 2.16 GPa，杨氏模量由 29.9 GPa 提高至 101.9 GPa，同时，断裂延伸率由 4.57% 降低至 2.14%，说明 BIA 含量较高时，分子链间强烈的氢键作用、较高的有序态结构及 BIA 的刚性结构，明显地提高了纤维的力学性能。

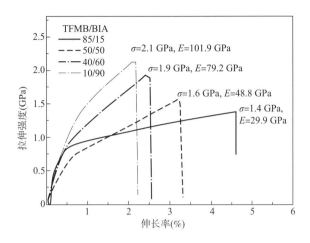

图 6-17　不同摩尔比 TFMB/BIA 聚酰亚胺纤维的应力—应变曲线

## 6.2.2　范德瓦耳斯力

　　范德瓦耳斯力是相邻分子间微弱的相互作用，通常比化学键键能小 1 ~ 2 个数量级。然而，这种弱的相互作用，在聚酰亚胺分子链聚集排列和材料性能方面发挥了重要作用。四川大学刘向阳等人[21]发现，将 2-（4- 氨基苯基）-5- 氨基苯并噁唑（BOA）单体引入聚酰亚胺分子链中（图 6-18），对于前驱体聚酰胺酸 PAA 而言，分子链间主要存在酰亚胺环 C＝O 与酰胺酸 O—H 之间的氢键作用，此时，分子链无规堆积；经过 300℃热亚胺化处理，二酐与二胺单元的基团间发生分子链间电荷转移络合作用（CTC 效应），更容易形成"混合层堆砌"（MPL）的方式，在有序区，相邻分子链沿链轴方向的构型会发生变化导致分子链间距发生变化，而在无定形区，分子链则完全无规排列；进一步提高热处理温度至 400℃以上，相邻的酰亚胺环之间会形成偶极—偶极作用（范德瓦耳斯力），而这种偶极—偶极作用促使聚合物大分子链规整有序排列，形成结晶结构。同样，程扬等人研究发现在聚酰亚胺中引入苯并双噁唑结构的杂环单体，相邻的分子链间范德瓦耳斯力明显提升，制备的聚合物纤维呈现高度有序的结晶结构，纤维的力学性能得到大幅度改善。

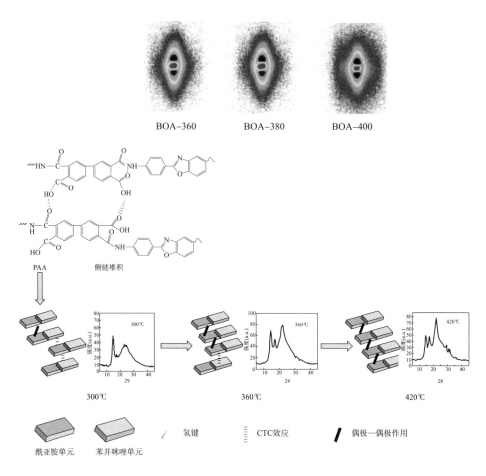

图 6-18　BPDA—BOA 结构聚酰亚胺在不同热处理温度下的结构演变

## 6.3　外力和高温作用下纤维凝聚态结构的演变

在有机纤维的制备过程中，除了聚合物合成及纺丝工艺之外，合适的后处理过程，如热定型处理和热牵伸处理等，对聚合物纤维的最终性能会产生重要的影响。各种初生纤维在热牵伸过程中的结构和性能变化并不相同，但有一个共同点，即纤维的低序区（对结晶聚合物来说为非晶区）的大分子沿纤维轴向的取向度大大提高，同时伴有密度、结晶度等其他结构方面的变化。由于纤维内大分子沿纤维轴向取向，形成并增加了氢键、偶极键以及其他类型的分子间作用力，从而使纤维的断裂强度显著提高，耐磨性和对形变的耐疲劳强度明显提高。

热处理过程中，聚合物纤维的超分子结构会发生相应的变化，包括分子链的取向、晶态结构和结晶度等。热牵伸工艺（牵伸温度、牵伸速率和牵伸介质等），特别是牵伸倍数是影响纤维力学性能的最主要因素。因此，选择合适的牵伸比例是提高纤维性能的一个关键因素。可利用 WAXD 和 SAXS 方法研究牵伸倍数对纤维聚集态结构和内部微孔缺陷等微观结构的影响，以有效确定聚酰亚胺纤维的最合适牵伸倍数（图 6–19）。东华大学张清华等人[22]对 BPDA—BIA 纤维样品进行进一步退火处理，退火温度分别为300℃、325℃、350℃、375℃、400℃和 425℃，分别设置两种条件：条件 A（纤维在完全松弛下进行退火处理）和条件 B（在 1 MPa 的定张力下进行退火处理），图 6–20 为 BPDA/BIA 聚酰亚胺纤维在不同热处理条件下的二维 WAXD 衍射图。

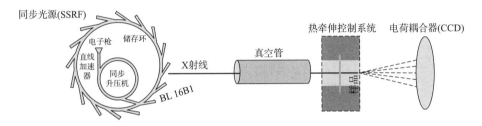

图 6–19　WAXD 测试装置示意图

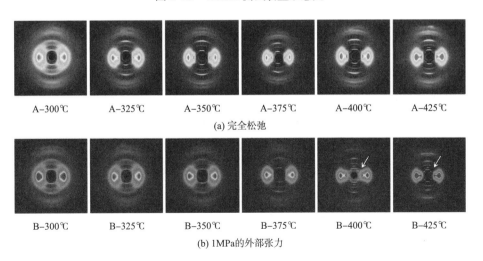

图 6–20　聚酰亚胺纤维的二维 WAXD 图谱

在条件 A 下，即松弛热处理，300℃下聚酰亚胺纤维在赤道线方向的衍射很弥散，说明纤维此时为典型的无定形结构。然而，随着退火温度的提高

（＞325℃），弥散的衍射图谱逐渐变得尖锐，并在赤道线方向形成新的衍射峰，表明其分子链逐步形成了有序的堆砌结构。如图 6-21（a）一维 WAXD 所示，当退火温度高于 325℃时，沿着赤道线方向，两个明显的衍射峰出现在 $2\theta=10.4°$ 和 $2\theta=16.8°$ 处；沿着子午线方向［图 6-21(b)］，当 $2\theta$ 为 8.8°、11.6°、14.9°、20.5° 和 29.8° 时，可观察到 5 个与聚合物大分子链周期性相关的 Bragg 衍射弧，并且随着退火温度的升高，衍射峰的强度逐渐增大。此外，所有在松弛条件下环化的样品，皆没有明显的三维结晶结构的特征，因为在二维 WAXD 图的各象限中，均未出现清晰的衍射弧。因此，在松弛环化的条件下，提高温度有利于改善沿纤维赤道线方向的堆砌规整结构，但对立体结晶结构形成的促进作用相对较小。

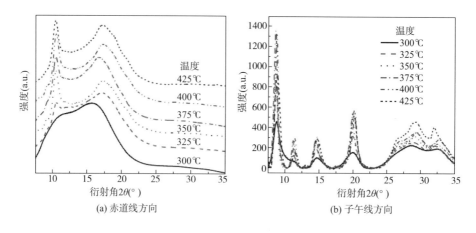

(a) 赤道线方向　　(b) 子午线方向

图 6-21　松弛条件下环化的聚酰亚胺纤维的一维 WAXD 图

在对纤维施加外应力的情况下，即在条件 B 下，当退火温度低于 375℃时，沿着赤道线方向，二维 WAXD 图中出现弥散的衍射弧，呈现典型的无定形结构，如图 6-22 所示。然而，当温度提高至 400℃和 425℃时，衍射图发生了明显变化，沿着赤道线方向，在 $2\theta=10.4°$ 和 $2\theta=16.8°$ 处出现两个明显的衍射条纹，分别对应晶面间距 6.8 Å 和 4.2 Å。沿着子午线方向，类似于松弛条件下处理的样品，所有纤维的 WAXD 谱图中皆可观察到 5 个 Bragg 衍射条纹，当退火温度低于 400℃时，其峰强度未发生明显变化，但当退火温度提高至 400℃时，其衍射峰强度大幅提高，这说明沿着纤维方向的晶体堆砌规整度提高。值得注意的是，400℃和 425℃条件下处理的样品，在二维 WAXD 图谱的第一象限中出现了清晰的衍射弧，如图 6-20 中的红箭头所示，该现象说明纤维中出现（hkl）晶面。因此，可以认为，当退火温度低于

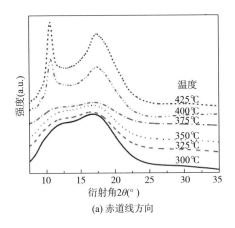 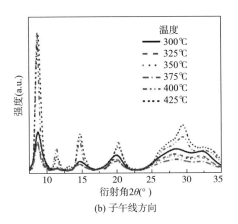

(a) 赤道线方向　　　　　　　　　(b) 子午线方向

图 6-22　1MPa 外力条件下环化的聚酰亚胺纤维的一维 WAXD 图

375℃时，外应力阻碍了大分子链的运动，对纤维晶体结构的调整起抑制作用，然而，在较高的处理温度下（如 400℃和 425℃），外部应力促进分子链段的运动和重排，形成更规整的有序结构。该现象表明，当温度高于聚酰亚胺纤维的玻璃化转变温度（362℃）约 20℃时，在外力作用下，聚酰亚胺大分子主链运动能力增强，形成完善的晶体结构。

　　经过多次试验证明，对于结晶程度较为完善的样品，大分子链的运动受限，热拉伸过程中易断裂，不利于性能的提升，因此，为研究聚酰亚胺纤维在热牵伸作用下的结晶结构和晶区取向的变化，取上述 300℃松弛条件下环化的纤维进行进一步拉伸处理。图 6-23 为聚酰胺酸纤维和不同牵伸倍数下聚酰亚胺纤维的二维 WAXD 图。可见，沿着赤道线方向，聚酰胺酸纤维的二维 WAXD 图中出现明显的无定形晕，而沿着子午线方向，则观察到一些弥散的长弧形，这可能是由于在湿纺过程的牵伸作用引起的轻微取向。热环化后，赤道线方向的衍射弧强度增加，且子午线方向的衍射弧变得更清晰，如前文所述，热环化过程中大分子链的调整重排，可能形成了取向的无定形区或向列相[23]。当牵伸倍数从 1.1 提高到 1.5 时，赤道线方向可观察到两个清晰的衍射弧，子午线方向的衍射图谱逐渐变清晰，说明大分子链沿着纤维轴向的择优取向程度有所提高，但在该阶段，各象限中尚未发现明显的衍射弧。进一步提高牵伸倍数（＞1.5），则在偏离轴向的象限中观察到短的衍射图样，根据 Murakamy 等人[24]的报告，这是由于聚合物分子链相对于另一分子链轴的轴向位移，说明有（hkl）晶面的产生以及亚晶类有序结构的存在。此外，当牵伸倍数高于 1.5 时，纤维的衍射图谱皆呈现为较短的弧形，

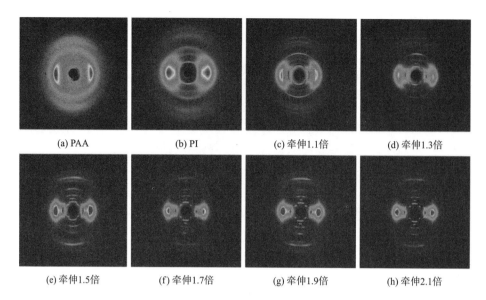

(a) PAA      (b) PI      (c) 牵伸1.1倍      (d) 牵伸1.3倍

(e) 牵伸1.5倍      (f) 牵伸1.7倍      (g) 牵伸1.9倍      (h) 牵伸2.1倍

图 6-23　BPDA/BIA 结构聚酰胺酸纤维和不同牵伸倍数下聚酰亚胺纤维的二维 WAXD 图

说明分子链的取向度提高。

利用 Hermans 方程可计算不同牵伸倍数下晶区分子链的取向度（$f_c$），计算方法如公式（6-2）所示。

$$f_c \cdot 100\% = \left[\, 3 <\cos^2 \phi_c> - 1 \,\right] / 2 \qquad \text{式（6-2）}$$

式中：$f_c$ 是相对于纤维轴向的取向度，介于 0～1，分别对应于各向同性和高度取向状态；$\phi_c$ 是方位角（赤道线方向为 0，子午线方向为 90°）；公式中 $\cos^2\phi_c$ 的值可通过该方位角扫描曲线的校正强度 $I_c(\phi_c)$ 分布，由公式（6-3）计算得到：

$$<\cos^2 \phi_c> = \frac{\int_0^{\frac{\pi}{2}} I(\phi_c) \cos^2 \phi_c \sin \phi_c \, d\phi_c}{\int_0^{\frac{\pi}{2}} I(\phi_c) \sin \phi_c \, d\phi_c} \qquad \text{式（6-3）}$$

结合式（6-2）和式（6-3），不同牵伸倍数下聚酰亚胺纤维的 $f_c$ 值列于表 6-4。随着牵伸倍数的提高，取向度由环化纤维的 0.38 提高至 2.1 倍拉伸条件下的 0.82。

表 6-4　BPDA—BIA 结构聚酰亚胺纤维的取向度

| 样品 | PAA | 环化纤维 | 1.1 倍 | 1.3 倍 | 1.5 倍 | 1.7 倍 | 1.9 倍 | 2.1 倍 |
|------|-----|---------|--------|--------|--------|--------|--------|--------|
| $f_c$ | 0.32 | 0.38 | 0.44 | 0.50 | 0.59 | 0.70 | 0.79 | 0.82 |

利用二维 SAXS 对纤维的微观形态进行了表征，如图 6-24 所示。前驱体 PAA 纤维的二维 SAXS 如图 6-24（a）所示，仔细观察散射图，可以发现，除赤道线方向的散射外，在其子午线方向上也有轻微的散射。根据 Cohen 等人[25]和 Lotz 等人[26-27]的研究，这种双向取向的形态，是由于无规排列的小晶体引起的子午线和赤道线方向的双向散射。所制备的所有 PI 纤维，在赤道线方向呈现条纹状的散射图样。以往的研究表明，对于湿法纺丝制备的纤维，该散射图样有如下两种可能性：一是微纤结构的形成[28-30]；二是微孔的存在。Grubb 等人[29]认为，Kevlar 49 纤维的类似散射主要是由于其微纤结构的产生，但是该类散射强度通常很弱。在湿纺过程中，纤维的凝固成型是一个双扩散的过程，即纺丝液中的溶剂扩散进入凝固浴中，而凝固剂则向纤维内部扩散。然而，由于溶剂与凝固剂之间的浓度梯度差，其内外应力不能总是达到平衡状态，因而纤维内部可能形成微孔。根据以上分析，可以认为该赤道线方向的散射条纹是纤维内部的微孔造成的。该条纹形状细长，表明微孔是针状的，且平行于纤维轴向。值得注意的是，聚酰胺酸初生纤维样品的子午线方向出现明显的散射，说明散射体的取向偏离程度较大，也就是 PAA 纤维内部的微孔取向度较低。对于牵伸倍数为 2.1 的纤维，其赤道线方向的散射更为尖锐，表明其沿着纤维轴向具有更高的取向程度，这与 WAXD 的结论一致。有趣的是，随着牵伸倍数的提高，PI 纤维子午线方向的散射逐渐变强，形成两个较宽的类似于叶瓣的散射图样（如箭头所示）。SAXS 图中子午线方向的散射通常是由于片晶的堆砌引起的，说明热拉伸诱导形成了周期性的片晶结构。

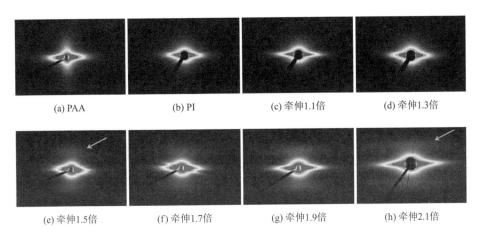

(a) PAA　　　　(b) PI　　　　(c) 牵伸1.1倍　　　　(d) 牵伸1.3倍

(e) 牵伸1.5倍　　　　(f) 牵伸1.7倍　　　　(g) 牵伸1.9倍　　　　(h) 牵伸2.1倍

图 6-24　聚酰胺酸和聚酰亚胺纤维的二维 SAXS 图

　　结合 WAXD 和 SAXS 的数据分析，提出了聚酰亚胺纤维的拉伸诱导相转变和结构演变模型，以及不同微观形态所对应的典型 SAXS/WAXD 示意图，如图 6-25 所示。在阶段 Ⅰ 中，PAA 纺丝液是完全各向同性、均一的溶液。通过湿法纺丝后，进入阶段 Ⅱ，部分各向同性的大分子链必然受到牵伸作用，从而形成取向的无定形区和无规排列的介晶单元，在这一阶段，WAXD 图中子午线方向的衍射宽且弥散，说明分子链取向度较低。在阶段 Ⅲ 中，由于热环化诱发大分子链的调整重排，诱导介晶单元的生长，可在 WAXD 图子午线方向观察到更多弥散的长弧形，并在赤道线方向出现一个新的宽峰。

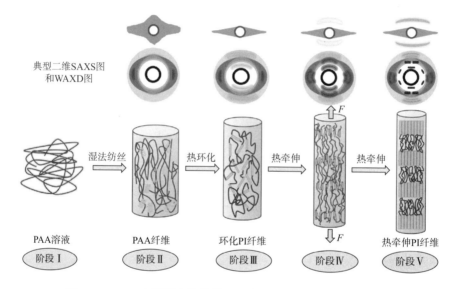

典型二维SAXS图和WAXD图

PAA溶液　湿法纺丝　PAA纤维　热环化　环化PI纤维　热牵伸　热牵伸PI纤维

阶段Ⅰ　　阶段Ⅱ　　阶段Ⅲ　　阶段Ⅳ　　阶段Ⅴ

图 6-25　PAA 和不同牵伸倍数下 PI 的相转变和结构演变模型图
及其对应的典型二维 SAXS 图和 WAXD 图

　　当牵伸倍数较小时（< 1.5），定义为阶段 Ⅳ，在这一阶段，取向的无定形区和介晶相协同作用，产生近晶相，这可能是拉伸诱导结晶的前驱体，随着牵伸倍数的提高，纤维内部出现越来越多的晶态区域。在这一阶段，WAXD 中的衍射条纹逐渐变得清晰，但仍呈现为长弧形，同时，SAXS 子午线方向的衍射强度增大，但仍较为弥散，这是由于无定形区和近晶相的密度差异相对较小。随着牵伸倍数的增加，高于 1.7，进入阶段 Ⅴ，由于分子主链的滑移，形成了周期性片晶结构，由于取向的结晶相和周围取向的中间相、无定形相密度差异增大，在二维 SAXS 图中可观察到明显的片晶散射的特征[23]。此外，在 WAXD 衍射图谱中，可观察到偏离轴向的条纹状短

弧，表明（*hkl*）晶面的出现，通过后续处理，纤维内部产生高度有序的结晶区域。总而言之，类似于刚性的聚酰亚胺纤维具有典型的拉伸诱导结晶效应，这和由液晶态制备的纤维情况不同，比如 Kevlar 纤维[31-32] 和 PBO 纤维[33-34]，在这些情况下，初生纤维是由液晶态的纺丝液制备得到。而由于聚酰胺酸纤维是从完全均一、各向同性的溶液湿纺制备得到，初生纤维的分子主链的取向度和结晶度都较低，该纺丝方法的优点在于，在热拉伸过程中，大分子主链拥有更高的运动能力，从而调整形成较为完善的聚集态结构。

在热拉伸诱导作用下，纤维内部的结晶度和晶区取向度有所提高，对纤维的力学性能有明显的改善作用。图 6-26 为不同牵伸倍数下 BPDA—BIA 聚酰亚胺纤维典型的应力—应变曲线，由图可知，随着牵伸倍数的提高，纤维的断裂伸长率下降，断裂强度提高，因此，纤维的模量得到明显的改善。当牵伸倍数为 2.1 时，纤维强度为 1.23 GPa，模量为 40.1 GPa。

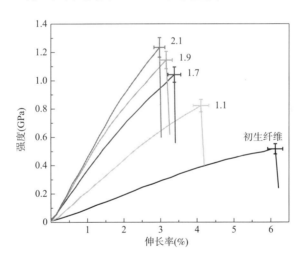

图 6-26　BPDA—BIA 聚酰亚胺纤维的应力—应变曲线

纤维的热尺寸稳定性是决定其应用范围的重要因素之一，因此，研究纤维热膨胀系数（CTE）具有重要意义。牵伸热处理中凝聚态结构的演变也对于改善纤维的尺寸稳定性起到重要作用。在 6 MPa 应力下，BPDA—BIA 聚酰亚胺纤维的热收缩行为如图 6-27 所示。纤维的 CTE 可通过收缩阶段的斜率计算得到，未拉伸聚酰亚胺纤维的 CTE 值为正值，呈现伸长的特性，然而拉伸后 PI 纤维的 CTE 值在温度低于 370℃时为负值，说明在当前的外部张力下，纤维表现为收缩行为。与未牵伸样品相比，热牵伸样品线性收缩

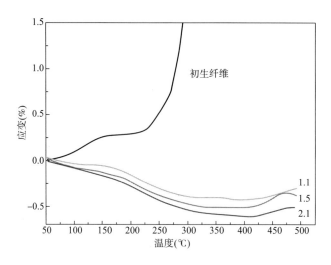

图 6-27　外应力为 6MPa 时，BPDA—BIA 结构聚酰亚胺纤维的收缩行为

（或膨胀）变化的温度点更高，这说明随着牵伸倍数的增加（结晶程度的增加），玻璃化转变行为向高温移动。牵伸倍数为 2.1 的聚酰亚胺纤维 CTE 值为 $-15.0 \times 10^{-6} ℃^{-1}$，具有明显的收缩行为，这说明其需要更大的外部应力以抗衡纤维的内应力，换言之，热拉伸会在纤维内部引入冻结的内应力，其强度可能高于未拉伸样品几个数量级。冻结的应力可能同时分布在纤维的结晶区和取向的非结晶区，而 DMA 测试得到的内应力的释放主要是由于非结晶区的应力松弛，这是由于在低于起始降解温度下（~ 500℃），并未观察到晶体的熔融。此外，随着牵伸倍数的提高，结晶度提高，纤维体系的熵降低，即大分子主链的构象取向度提高，PI 纤维内部的取向非结晶区增多，内应力随着牵伸倍数的提高而提高。总的来说，BPDA—BIA 均聚型聚酰亚胺纤维具有良好的热尺寸稳定性。

　　有学者通过研究样品的动态机械性能[35-36]，以研究机械拉伸对聚合物分子链动力学的影响，结果表明热牵伸对聚合物的链段松弛行为有显著影响。图 6-28 为 BPDA—BIA 聚酰亚胺纤维的损耗角正切（$\tan \delta$）随温度变化的曲线。在 350 ~ 380℃，可观察到一个明显的松弛过程（$\alpha$ 松弛），对应于样品的玻璃化转变温度（$T_g$）。未拉伸 PI 纤维的玻璃化转变峰强度（0.35）大约是拉伸后样品峰强度（0.11 ~ 0.14）的 2 ~ 3 倍。玻璃化转变对应的是聚合物材料中无定形区的分子链段运动，这说明热牵伸后纤维无定形区的链段运动能力减弱，这可能是由于结晶区和取向无定形区的阻碍作用。此外，拉伸样品的 $\alpha$ 松弛峰变宽了，牵伸过后纤维内部同时存在结晶区、无定形

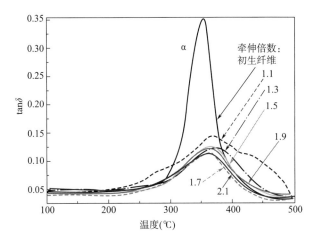

图 6-28　不同牵伸倍数下 BPDA—BIA 聚酰亚胺纤维的 DMA 曲线

区以及取向的无定形区，不同相态对大分子链的运动阻碍作用不同。例如，当样品部分结晶时，其链段运动可同时被晶区或者刚性的无定形区抑制，而两者的抑制作用不同，使得拉伸后样品的玻璃化转变峰变宽。因此，可以看出，BPDA/BIA 聚酰亚胺纤维的热收缩行为和玻璃化转变过程具有取向度和结晶度依赖性。

　　以上主要以 BPDA—BIA 纤维为例详细介绍了聚酰亚胺纤维在热牵伸作用下凝聚态结构的演变历程及其对纤维性能的影响，事实上，对于其他结构的聚酰亚胺纤维而言，热牵伸作用下出现"取向诱导结晶"是普遍性现象，例如，BTDA—TFMB/BIA[19]、BPDA—PBOA/ODA[37]、BPDA/pPDA/BIA/ODA[38] 及 BPDA—PRM/PDA[11] 等结构聚酰亚胺纤维均可通过热牵伸处理调控纤维内部分子链结晶取向结构，这也是聚酰亚胺纤维区别于其他芳杂环类聚合物纤维的重要特征之一。作为典型的半结晶型聚合物，通过有效的热牵伸处理，实现纤维内部大分子链沿纤维轴向高度取向，对于提高纤维的力学性能、改善纤维的受热尺寸稳定性、玻璃转变行为及纤维的耐溶剂腐蚀性能等发挥了重要作用，这一有效措施已在高强高模型聚酰亚胺纤维的规模化制备中得到应用。

# 参考文献

［1］JENKINS S，JACOB K I，KUMAR S. The effect of hydrogen bonding on the physical and mechanical properties of rigid–rod polymers[J]. Journal of Polymer Science Part B–Polymer Physics, 2000（38）: 3053–3061.

[2] GARDNER K H, ENGLISH A D, FORSYTH V T. New insights into the structure of poly（p–phenylene terephthalamide）from neutron fiber diffraction studies [J]. Macromolecules, 2004（37）: 9654–9656.

[3] SIKKEMA D J, LEE K, BOGLE M. High performance fibers based on rigid and flexible polymers [J]. Polymer Reviews, 2008（48）: 230–274.

[4] WAKITA J, JIN S, SHIN T J, et al. Analysis of molecular aggregation structures of fully aromatic and semialiphatic polyimide films with synchrotron grazing incidence wide–angle X–ray scattering [J]. Macromolecules, 2010（43）: 1930–1941.

[5] POON T W, SARAF R F, SILVERMAN B D. Structural characterization of an ordered aromatic polyimide：pyromellitic dianhydride–oxydianiline [J]. Macromolecules, 1993（26）: 3369–3374.

[6] YOON D Y, PARRISH W, DEPERO L E, et al. Chain conformations of aromatic polyimides and their ordering in thin films [J]. MRS Proceedings, 2011（227）: 387.

[7] FANG Y, DONG J, ZHANG D, et al. Preparation of high–performance polyimide fibers via a partial pre–imidization process [J]. Journal of Materials Science, 2019（54）: 3619–3631.

[8] TAKIZAWA K, WAKITA J, AZAMI S, et al. Relationship between molecular aggregation structures and optical properties of polyimide films analyzed by synchrotron wide–angle X–ray diffraction, infrared absorption, and UV/Visible absorption Spectroscopy at very high pressure [J]. Macromolecules, 2011（44）: 349–359.

[9] CHANG J, NIU H, HE M, et al. Structure–property relationship of polyimide fibers containing ether groups [J]. Journal of Applied Polymer Science, 2015（132）: 42474（1–8）.

[10] YAN X, ZHANG M, QI S, et al. A high–performance aromatic co–polyimide fiber：structure and property relationship during gradient thermal annealing [J]. Journal of Materials Science, 2018（53）: 2193–2207.

[11] GAN F, DONG J, ZHANG D, et al. High–performance polyimide fibers derived from wholly rigid–rod monomers [J]. Journal of Materials Science, 2018（53）: 5477–5489.

[12] SUKHANOVA T E, BAKLAGINA Y G, Kudryavtsev V V, et al. Morphology, deformation and failure behaviour of homo–and copolyimide fibres：1. Fibres from 4,4′–oxybis（phthalic anhydride）（DPhO）and p–phenylenediamine（PPh）or/and 2,5–bis（4–aminophenyl）–pyrimidine（2,5PRM）[J]. Polymer, 1999（40）: 6265–6276.

[13] XU Y, WANG S, LI Z, et al. Polyimide fibers prepared by dry–spinning process：imidization degree and mechanical properties [J]. Journal of Materials Science, 2013（48）: 7863–7868.

[14] DENG G, XIA Q, XU Y, et al. Simulation of dry–spinning process of polyimide fibers [J]. Journal of Applied Polymer Science, 2009（113）: 3059–3067.

[15] WANG S, DONG J, LI Z, et al. Polyimide fibers prepared by a dry–spinning process：

Enhanced mechanical properties of fibers containing biphenyl units [ J ]. Journal of Applied Polymer Science, 2016 ( 133 ): 43727.

[ 16 ] OJEDA J R, MARTIN D C. High-resolution microscopy of PMDA—ODA polyimide single crystals [ J ]. Macromolecules, 1993 ( 26 ): 6557–6565.

[ 17 ] LIU X, GAO G, DONG L, et al. Correlation between hydrogen-bonding interaction and mechanical properties of polyimide fibers [ J ]. Polymers for Advanced Technologies, 2009 ( 20 ): 362–366.

[ 18 ] HAGEMAN J C L, DE WIJS G A, DE GROOT R A, et al. The role of the hydrogen bonding network for the shear modulus of PIPD [ J ]. Polymer, 2005 ( 46 ): 9144–9154.

[ 19 ] DONG J, YIN C, ZHANG Z, et al. Hydrogen-bonding interactions and molecular packing in polyimide fibers containing benzimidazole units [ J ]. Macromolecular Materials and Engineering, 2014 ( 299 ): 1170–1179.

[ 20 ] NIU H, HUANG M, QI S, et al. High-performance copolyimide fibers containing quinazolinone moiety : Preparation, structure and properties [ J ]. Polymer, 2013 ( 54 ): 1700–1708.

[ 21 ] LUO L, YAO J, WANG X, et al. The evolution of macromolecular packing and sudden crystallization in rigid-rod polyimide via effect of multiple H-bonding on charge transfer ( CT ) interactions [ J ]. Polymer, 2014 ( 55 ): 4258–4269.

[ 22 ] YIN C, DONG J, TAN W, et al. Strain-induced crystallization of polyimide fibers containing 2- ( 4-aminophenyl ) -5-aminobenzimidazole moiety [ J ]. Polymer, 2015 ( 75 ): 178–186.

[ 23 ] KAWAKAMI D, HSIAO B S, BURGER C, et al. Deformation-induced phase transition and superstructure formation in poly ( ethylene terephthalate ) [ J ]. Macromolecules, 2004 ( 38 ): 91–103.

[ 24 ] MURAKAMI S, NISHIKAWA Y, TSUJI M, et al. A study on the structural changes during uniaxial drawing and/or heating of poly ( ethylene naphthalene-2,6-dicarboxylate ) films [ J ]. Polymer, 1995 ( 36 ): 291–297.

[ 25 ] LIPP J, SHUSTER M, FELDMAN G, et al. Oriented crystallization in polypropylene fibers induced by a sorbitol-based nucleator [ J ]. Macromolecules, 2008 ( 41 ): 136–140.

[ 26 ] LOTZ B, WITTMANN J. The molecular origin of lamellar branching in the α( monoclinic ) form of isotactic polypropylene [ J ]. Journal of Polymer Science Part B-Polymer Physics, 1986 ( 24 ): 1541–1558.

[ 27 ] LOTZ B, WITTMANN J, LOVINGER A. Structure and morphology of poly( propylenes ): a molecular analysis [ J ]. Polymer, 1996 ( 37 ): 4979–4992.

[ 28 ] RAN S, FANG D, ZONG X, et al. Structural changes during deformation of Kevlar fibers *via* on-line synchrotron SAXS/WAXD techniques [ J ]. Polymer, 2001 ( 42 ): 1601–1612.

[ 29 ] GRUBB D T, PRASAD K, ADAMS W. Small-angle X-ray diffraction of Kevlar using synchrotron radiation [ J ]. Polymer, 1991 ( 32 ): 1167–1172.

［30］GRUBB D T, PRASAD K, High-modulus polyethylene fiber structure as shown by X-ray-diffraction ［J］. Macromolecules, 1992（25）: 4575-4582.

［31］DESPER C, SCHNEIDER N, JASINSKI J, et al. Deformation of microphase structures in segmented polyurethanes ［J］. Macromolecules, 1985（18）: 2755-2761.

［32］YIN C, DONG J, ZHANG D, et al. Enhanced mechanical and hydrophobic properties of polyimide fibers containing benzimidazole and benzoxazole units ［J］. European Polymer Journal, 2015（67）: 88-98.

［33］YIN C, DONG J, LI Z, et al. Ternary phase diagram and fiber morphology for nonsolvent/DMAc/polyamic acid systems ［J］. Polymer Bulletin, 2015（72）: 1039-1054.

［34］RAN S, ZONG X, FANG D, et al. Studies of the mesophase development in polymeric fibers during deformation by synchrotron saxs/waxd ［J］. Journal of Materials Science, 2001（36）: 3071-3077.

［35］ZHANG Q H, LUO W Q, GAO L X, et al. Thermal mechanical and dynamic mechanical property of biphenyl polyimide fibers ［J］. Journal of Applied Polymer Science, 2004（92）: 1653-1657.

［36］EASHOO M, SHEN D, WU Z, et al. High-performance aromatic polyimide fibres : 2. Thermal mechanical and dynamic properties ［J］. Polymer, 1993（34）: 3209-3215.

［37］CHENG Y, DONG J, YANG C, et al. Synthesis of poly（benzobisoxazole-co-imide）and fabrication of high-performance fibers ［J］. Polymer, 2017（133）: 50-59.

［38］YI X, GAO Y, ZHANG M, et al. Tensile modulus enhancement and mechanism of polyimide fibers by post-thermal treatment induced microvoid evolution ［J］. European Polymer Journal, 2017（91）: 232-241.

# 第7章  聚酰亚胺纳米纤维

## 7.1  聚酰亚胺纳米纤维制备方法

### 7.1.1  静电纺丝技术

　　静电纺丝技术是一种方便快捷地制备连续纳米纤维的有效手段。该技术是将聚合物溶液或熔体置于高压电场中，利用带电聚合物溶液或熔体射流在静电场中的流动和变形，进而通过溶剂蒸发或熔体冷却固化来制备纳米纤维的一种方法[1]。通过调整成纤工艺（如纺丝液黏度、组分、电导率、电压、接收距离、喷射速度等），可得到不同形貌的纳米纤维，包括传统的无序直线结构、串珠结构、分叉结构、蛛网结构、锯齿形结构、螺旋形结构等。静电纺丝方法可制备直径在几纳米到几微米之间的纳米纤维，进而赋予其较多独特的性能，如大长径比、高比表面积及优异的物理化学性质等。所形成的非织造布或膜材料具有孔径小、孔隙率高、密度小等特性[2]，促使静电纺丝纳米纤维得到了快速的发展，在不同领域已得到了或正在被广泛应用。

　　1934 年，Formalas 发明了用静电力制备聚合物纤维的实验装置并申请了专利，并于 1966 年申请了静电纺丝法制备超细、超薄纤维膜的专利[3]。1981 年 Larrondo 对聚乙烯和聚丙烯进行了熔融静电纺丝的研究[4]，此后对静电纺丝机理及应用的研究逐渐多起来，比如，Reneker 研究了静电纺丝过程的不稳定性[5]，Deitzel 研究了静电纺丝过程中电压及纺丝液浓度对纤维形貌的影响[6]。此外，捷克利贝雷茨技术大学与爱勒马克公司合作生产的纳米纤维静电纺丝机问世，据说是世界上第一台可以大规模进行静电纺丝的装置[7]。

　　通常，聚合物纳米纤维可以通过聚合物溶液或熔体直接静电纺丝得到。聚酰亚胺（PI）分子骨架中存在酰亚胺杂环和芳香族苯环，分子链刚性较高，具有较高的玻璃化转变温度和较高的分解温度，通常不易熔融，也不溶于有机溶剂，因此，难以通过聚合物溶液或熔体直接静电纺丝得到纳米纤维。与前文所述的湿法纺丝类似，PI 纳米纤维的加工多采用两步法进行，即先合成聚酰胺酸溶液，通过纺丝制备聚酰胺酸纳米纤维，进而通过热／化学亚胺化得到 PI 纳米纤维。当然，通过分子结构设计，也可以通过一步法合成可溶性聚酰亚胺溶液，直接采用静电纺丝制备 PI 纳米纤维。

聚酰亚胺纳米纤维的研究进程如下，Reneker 于 1996 年首次谈及可利用静电纺技术制备 PI 纳米纤维[8]，2003 年 Nah 等[9]第一次较为详尽地叙述了利用静电纺丝技术制备 PI 纤维的方法，宣告了 PI 超细纤维的成功制备。他们选用 N- 甲基吡咯烷酮为溶剂，采用均苯四甲酸二酐（PMDA）和二苯醚二胺（ODA）为酸酐和二胺合成聚酰胺酸纺丝液，静电纺丝后经热环化得到直径在几十纳米至几微米之间的聚酰亚胺超细纤维，其在氮气气氛中的热分解温度超过 500℃，具有优异的热稳定性能。吴晓等人[10]通过利用 PMDA 和联苯二胺制备的聚酰胺酸溶液进行纺丝，这种全刚性的主链结构使得制备的聚酰亚胺纳米纤维具有极高的热稳定性和较低的热膨胀系数，但是其脆性很大。聚酰亚胺的合成原料种类很多，基于酸酐和胺类单体的多样性，可以巧妙地设计聚酰亚胺的分子结构来调控其热性能、机械性能及其他性能。侯豪情课题组[11-13]首次报道了非取向的电纺 3,3',4,4'- 联苯四甲酸二酐（BPDA）—PDA 的聚酰亚胺纳米纤维膜，其拉伸强度和模量分别达到 210 MPa 和 2.5 GPa，利用高速旋转的接收器制备了纤维直径约为 180 nm 的 BPDA—PDA 纳米纤维带，拉伸强度可达 664 MPa。此后，他们进一步通过共聚的方法，制备了 BPDA—BPA/ODA（BPA 为对二氨基联苯；4,4'- 二氨基联苯）的共聚聚酰亚胺纳米纤维，拉伸强度高达（1.1±0.1）GPa。东华大学张清华课题组制备了含有嘧啶结构的 BPDA—PRM 结构的聚酰胺酸纳米纤维，通过热亚胺化得到了直径约为 240 nm 的 PI 纳米纤维，如图 7-1 所示。

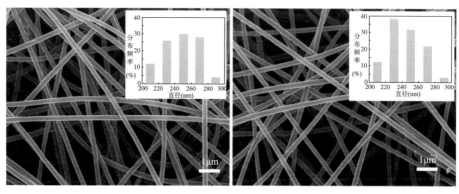

(a) 聚酰胺酸纳米纤维　　　　　　　　　　(b) 聚酰亚胺纳米纤维

图 7-1　聚酰胺酸纳米纤维和对应的聚酰亚胺纳米纤维的 SEM 图像及纤维直径分布图

此外，还通过分子结构设计，制备了可溶性的 BTDA—TFMB/BIA 共聚聚酰亚胺溶液，直接通过静电纺丝法获得了 PI 纳米纤维，经过高温处理（550 ~ 1000℃）后，纳米纤维仍保持原始的连续三维多孔结构，显示了较好的热稳定性。

　　除均聚和共聚 PI 纳米纤维外，由于 PI 具有优异的耐热性能、良好的机械性能及耐化学腐蚀性能，共混或原位复合等方法是制备 PI 纳米复合纤维，进一步改善材料的性能，并实现其多功能化的有效手段。Zhu 等[14]制备了 Fe—FeO/PI 皮芯结构纳米静电纺纤维膜，Fe—FeO 纳米微粒的加入提高了复合膜的热学稳定性，与纯 PI 纤维相比，其玻璃化转变温度和熔融温度分别提高了 10 ~ 12℃及 15 ~ 17℃。侯豪情等[15]首次通过静电纺丝法首次制备含有多壁碳纳米管（MWCNT）的聚酰亚胺纳米纤维，与通过常规溶液流延法制备的膜相比，所制备的纳米纤维膜由高度排列的纳米纤维组成，力学性能显著增强。表面官能化的 MWCNT 均匀分散并沿纤维轴高度排列，随着 MWCNT 的掺入，聚酰亚胺基质的热性能和机械性能得到显著改善。并且当 MWCNT 含量为 3.5% 时，纳米纤维膜的断裂伸长率可达到 100%。该研究是使用静电纺丝法制备高性能聚合物 / 碳纳米管纳米复合材料的良好实例。刘天西等[16]将 PMDA 和 ODA 合成的聚酰胺酸（PAA）加入不同比例的碳纳米管（CNTs），配成纺丝液（PAA 约为 16.7%），用高速转轮收集得到聚酰胺酸纳米纤维膜，经 300℃酰亚胺化后得到聚酰亚胺纤维膜，再将该膜浸入到 PAA 溶液之后经高温酰亚胺化，得到具有一定强度的复合材料。Han 等[17]采用离子交换法，在惰性气体环境下使用银氨络合阳离子（[ Ag（NH$_3$）$_2$ ]$^+$）作为银前驱体，采用直接离子交换自金属化技术将银纳米颗粒掺入以 PMDA/ODA 为基质的聚酰亚胺中，然后通过静电纺丝法成功制备了聚酰亚胺超细纤维，其中银纳米颗粒直径小于 20 nm，然后通过静电纺丝法制成聚酰亚胺超细纤维。将银微粒掺杂到静电纺 PI 超细纤维上，使 PI—Ag 纤维初始失重温度提高到 378℃。张清华课题组通过定向收集装置获得了特定取向的 MWCNTs/PI 纳米纤维，如图 7-2 所示，利用静电场的喷射力，MWCNTs 在聚合物基体中沿轴向排列，进一步提高了纳米纤维膜的力学性能。

　　随着静电纺丝技术的进步和聚酰亚胺合成方法的改进，以及对高性能纳米纤维材料日益增长的社会需求，静电纺丝法制备聚酰亚胺纳米纤维显得越来越重要。此外，后处理过程也会影响纤维的形貌。李学佳等[18]将 PMDA—ODA 结构的聚酰亚胺进行静电纺丝，研究了亚胺化时间对纤维结构

 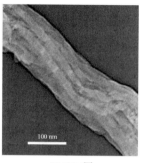

(a) SEM图　　　　　　　　　(b) TEM图

图 7-2　有序取向排列的 MWCNTs/PI 纳米纤维的 SEM 图和 TEM 图

的影响。发现当亚胺化时间较短时，聚酰胺酸纳米纤维亚胺化并不完全；亚胺化时间达到 30 min 左右时，聚酰胺酸的亚胺化基本完成；随着亚胺化时间的延长，纳米纤维结晶度逐渐增加，纤维变得更细也更加均匀，热稳定性也随之提高，断裂强度和断裂伸长率也有所提高。

　　一般情况下，通过静电纺丝方法得到的聚酰亚胺纳米纤维为纳米纤维膜。由于形式比较单一，可进一步通过冷冻干燥法制备出具有纳米网络结构的气凝胶，进一步拓展纳米纤维的应用领域。冷冻干燥法是一种经济且绿色的方法，是先将湿凝胶冷冻到其冰点温度以下，使水分变成固态的冰，然后在适当的真空度下，使冰直接升华成水蒸气，从而获得干燥的气凝胶制品。真空冷冻干燥技术在干燥过程中，凝胶网络骨架内的液体经过冷冻干燥后直接升华，以气体的形式排出，不会产生气—液界面，避免了在干燥过程中因毛细效应对凝胶网络骨架造成因收缩变形而产生的骨架破裂[19]。

　　Qian 等[20]利用聚酰亚胺纳米纤维作为原料，通过冷冻干燥构建分层多孔结构，从而得到了块状气凝胶，大大拓展了其应用范围。通过这种方法制备的气凝胶具有超弹性、超低密度、高温稳定性、低导热性和过滤 PM2.5 的性能。以 PMDA 和 ODA 为原料合成前驱体聚酰胺酸（PAA），然后通过静电纺丝法制备 PAA 纳米纤维膜，获得的 PAA 纳米纤维膜通过热酰亚胺化得到 PI 纳米纤维膜，将该膜在二恶烷中均化以获得良好分散的纳米纤维分散体，然后进行冷冻，分散体在冷冻的溶剂中成核，生长并排斥纳米纤维移动到冷冻溶剂前端。完全冷冻后，PI 纳米纤维随机分布在溶剂晶体周围，形成由纤维细胞壁相互连接的结构。在冷冻干燥时溶剂晶体发生升华，纤维状结构保持很小的体积收缩，从而将获得的材料在 500℃下加热 15 min 通过分子间缩合得到交联网络[21-22]。Jiang 等[23]通过将 PI 纳米短纤分散到 PAA 里，经冷冻干燥、热酰亚胺化制备了低密度（≤ 10 mg/cm³）、高孔隙率的 PI 海绵。PI 海绵显示出良好的力学性能和热稳定性，可加热至 300℃以上而不破坏其形状。此外，即使在压缩程度非常高时，海绵也是优异的热绝缘体，其热导率＜ 0.035 W/（m·K），热扩散率小于 1 mm²/s。低密度 PI 海绵能够应用在许多方面，如建筑和轻质结构、纺织品、高温过滤等。海绵将成为现有 PI 气凝胶的补充，作为轻质对应物，具有独特的高孔隙率和隔热性。刘天西教授课题组[24]通过静电纺丝法得到聚丙烯腈纳米纤维膜，然后将纳米纤维膜预氧化，并将其分散于聚酰胺酸盐中，通过冷冻干燥、热酰亚胺化、碳化得到碳气凝胶，最后将 MnO₂ 纳米片原位生长在碳气凝胶上。oPP @ MnO₂ 复合气凝胶具有优异的电化学特性，最大比电容为 1066 F/g，接近 MnO₂ 的理论值（1370 F/g）。此外，组装的 oPP @ MnO₂ // 活化 oPP（A-oPP）不对称超级电容器可提供高达 30.3（W·h）/kg 的能量密度，突出了 oPP 碳气凝胶和 oPP @ MnO₂ 杂化碳气凝胶的独特结构的优势。因此，oPP 碳气凝胶的成功制备扩大了聚酰亚胺的应用范围，开启了从传统电纺薄片膜到多维气凝胶的新方向，为构建用于储能和环保应用的纳米纤维材料提供了新的策略。本课题组通过静电纺丝法得到聚酰亚胺纳米纤维，然后将其分散于聚酰亚胺前驱体（PAA）中，通过冷冻干燥和热酰亚胺化等过程得到聚酰亚胺气凝胶，如图 7-3 所示。通过这种方法得到的气凝胶具有大的比表面积和孔隙率及较高的弹性等特性，能够应用于保温、传感等领域。

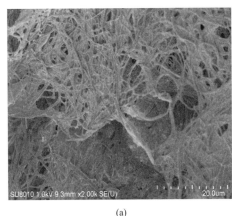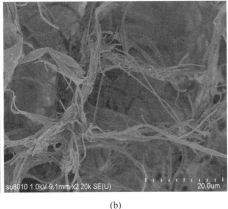

(a)　　　　　　　　　　　　　　　(b)

图 7-3　聚酰亚胺纳米纤维复合气凝胶材料的内部 SEM 图

### 7.1.2 超临界二氧化碳技术

气凝胶是一类由纳米纤维组成的独特三维多孔固体材料，具有低密度（0.003 ~ 0.3 g/cm³）、高孔隙率、低热导率［10 ~ 40 mW/（m·K）］、低介电常数、较好光学透明性、高比表面积（100 ~ 1600 m²/g）等特性，其大部分由空气构成（占材料总体积高达 99.8%），其间由无数纳米纤维错落交织成多孔结构。除上述静电纺丝技术外，超临界干燥也是制备三维纳米纤维网状多孔结构气凝胶材料的经典方法之一，采用该方法可以有效降低干燥过程中的收缩率。其原理是通过高温高压使干燥介质达到超临界状态，消除气—液界面，有效避免表面张力的产生，保持凝胶的良好性能。超临界干燥常使用的干燥介质有两种，即甲醇和液态二氧化碳。由于甲醇易燃，故目前普遍使用的干燥介质为液态二氧化碳。由于极性溶剂与液态二氧化碳不互溶，故在超临界干燥之前，需要先将湿凝胶浸入丙酮、乙醇等非极性溶剂进行溶剂置换[25]。

20 世纪 30 年代，斯坦福大学的 Kistler 教授[26]首次提出使用高压干燥装置将凝胶中的液体用气体替换掉，得到内部空隙不塌陷、体积基本不收缩的气凝胶。但由于当时未发现气凝胶的实际应用价值，在接下来的几十年中，气凝胶技术基本没有得到发展。直到 20 世纪 70 年代，随着溶胶—凝胶技术的复兴，Teichner 制备出用于存储火箭燃料的硅气凝胶[27]，自此，气凝胶的研究得到进一步推广。1985 年 Tewari 等[28]以二氧化碳为超临界干燥介质制备出了气凝胶材料，该方法使干燥温度降为室温，提高了设备的安全性，推动了气凝胶材料的多元化发展。尽管研究人员提出了气凝胶的许多商业化应用，如隔热材料、隔音屏障、催化及气体吸附载体、超级电容器、光学器件等，但由于传统超临界干燥工艺烦琐及原材料价格昂贵，气凝胶产品的商业化进程缓慢。

聚酰亚胺气凝胶的制备过程与常规无机气凝胶材料稍有不同，主要包括化学交联过程制备湿凝胶、湿凝胶的老化及溶剂置换、超临界干燥得到聚酰亚胺气凝胶等。超临界二氧化碳流体干燥溶剂装置如图 7-4 所示。

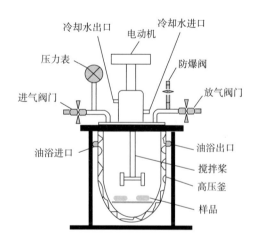

图 7-4 超临界二氧化碳流体干燥溶剂
装置示意图

聚酰亚胺凝胶可通过将酸酐封端的聚酰胺酸低聚物与芳族三胺在溶液中交联并化学酰亚胺化得到，然后将湿凝胶经超临界二氧化碳干燥以形成密度低至 0.14 g/cm$^3$、表面积高达 512 m$^2$/g 的纳米多孔聚酰亚胺气凝胶，如图 7-5 所示。为了理解聚酰亚胺主链对性能的影响，Meador 等[29]研究了不同二胺和二酐组合及不同链长度的低聚物制备的气凝胶。由 2,2'- 二甲基联苯胺作为二胺制备的配方收缩最少，但压缩模量最高。以 4,4'- 二氨基二苯醚或 2,2'- 二甲基联苯胺（DMBZ）为单体制备的原液可以使用卷对卷方法制成连续的气凝胶薄膜。这些薄膜具有足够的柔韧性，可以自行卷起或折叠，并可以完全恢复而不会开裂或剥落，且具有 4 ~ 9 MPa 的拉伸强度。最后，使用对苯二胺作为主链二胺和所研究的二酐组合，获得的聚酰亚胺气凝胶具有较高的热稳定性，玻璃化转变温度范围为 270 ~ 340℃，分解温度为 460 ~ 610℃。Meador 等[30]描述了以胺封端的低聚物为前驱体采用超临界二氧化碳干燥法制备聚酰亚胺气凝胶的方法，所述低聚物与 1,3,5- 苯三羰基三氯化物（BTC）交联。BTC 与常规交联剂 TAB，TAPP 或 OAPS 相比具有成本较低的优点。与先前报道的相同密度的 TAB 或 OAPS 交联的气凝胶相比，以这种方式制备的气凝胶具有相同或更高的模量及更高的比表面积。虽然交联结构是酰胺，但其热稳定性没有受到影响，因为交联仅是气凝胶组分的一个小部分。分解的起始温度主要取决于化学骨架，ODA 比 DMBZ 热稳定性能更好，与先前报道的其他交联剂制备的气凝胶的结果一致。Nguyen 等[31]选用从被囊类动物中提取出的纤维素纳米晶体（t-CNC）作为聚酰亚胺气凝胶的纳米增强填料，其中纤维素纳米晶体经羧酸功能化（t-CNC—COOH）后以不同的比例加入聚酰胺酸前驱液中，然后通过超临界二氧化碳干燥的方法制得聚酰亚胺复合气凝胶材料。结果表明纤维素纳米晶体的加入降低了气凝胶材料的收缩率，改善了气凝胶材料的机械性能，更有效地保持了气凝胶在 150℃和 200℃下 24 h 等温老化过程中的结构完整性。

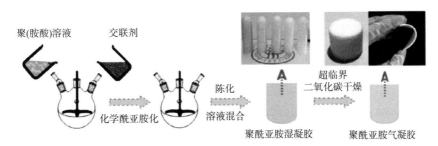

图 7-5　利用超临界二氧化碳制备聚酰亚胺气凝胶的流程图

张清华课题组[32]将含三氟甲基的第三单体 TFMB 引入传统 BPDA—ODA 结构的聚酰亚胺中，获得了比表面积为 306 ~ 397 m²/g 的气凝胶，如图 7-6 所示，其内部由直径为 15 ~ 50 nm 的纳米纤维交错而成，形成的孔径分布在 15 ~ 32 nm，含氟基团的引入有效降低了聚酰亚胺气凝胶的吸湿性。

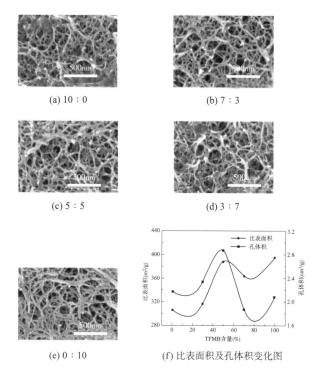

(a) 10 : 0

(b) 7 : 3

(c) 5 : 5

(d) 3 : 7

(e) 0 : 10

(f) 比表面积及孔体积变化图

图 7-6 （a ~ e）不同 ODA/TFMB 比例下利用 TAB 交联的聚酰亚胺气凝胶的 SEM 图；
（f）相应气凝胶的比表面积及孔体积变化图

## 7.2 聚酰亚胺纳米纤维的应用

### 7.2.1 电池隔膜

隔膜是锂离子电池中的核心部件，对电池性能起着至关重要的作用。当前的隔膜大多采用多孔性聚烯烃材料，存在着孔隙率偏低、耐热性差、对电解液润湿性不足等缺点，比如商业化的 Celgard 膜在 150℃时表现出严重的收缩，在 167℃以上甚至会熔化。侯豪情等[33]通过静电纺丝法成功地制备了具有不同厚度的聚酰亚胺纳米纤维基非织造织物，用作锂离子电池隔膜，该材料在 500℃的高温下具有热稳定性，比 Celgard 膜具有更优异的热稳定性。通过碱液刻蚀预处理 PAA 纳米纤维膜，使搭接纳米纤维在刻蚀和热亚胺化过程中发生一种类似"融接"的现象，可得到交联结构的 PI 纳米纤维膜[34]。这种交联结构的形成改善了纤维之间松散搭接的问题，增加了纤维之间的相互作用力，使纤维更加致密。该交联结构的引入使 PI 纳米纤维膜的孔隙率、吸液率和离子电导率均有所下降，但是，PI 纳米纤维膜的拉伸强度由原来的 10.8 MPa 提高到了 37.5 MPa，热形变温度从 328℃提高到了 380℃，这极大地提高了 PI 纳米纤维膜作为锂电池隔膜的应用价值。和Celgard2400 隔膜相比，交联 PI 隔膜具有高的孔隙率、持液率、电解液浸润性、离子电导率和优异的热尺寸稳定性。用作锂离子电池隔膜时，交联 PI隔膜表现出优异的充放电性能、大容量和循环稳定性，在 5C 倍率下的放电比容量比 Celgard2400 隔膜高出 30%。而且交联 PI 隔膜具有优异的高温稳定性，在 120℃的高温下测试仍能保持稳定的充放电性能，没有容量衰减。

　　将静电纺丝法得到的聚酰亚胺纳米纤维进行聚苯胺（PANI）的原位聚合，得到 PANI/PI 的复合材料用作锂离子电池的隔膜材料，与商业化的聚合物隔膜相比，PANI/PI 具有更高的孔隙率（84%）、持液率（619%）和离子传导性（2.33 mS/cm），用作锂离子电池隔膜，具有更好的倍率性能和循环性能[35]。另外，将聚酰亚胺纳米纤维进行磺化，与磺化聚酰亚胺组成复合膜，可用作燃料电池质子交换膜[36]。与膜的垂直方向或没有用常规溶剂浇铸法制备的膜相比，该纳米纤维膜的水平方向的质子传导率显示出更高的值。含有单轴取向的磺化聚酰亚胺纳米纤维的复合膜能够同时实现良好的质子传导性、低气体渗透性、化学稳定性和热稳定性。因此，纳米纤维被证明是可作为质子交换膜的潜在材料，并且含有纳米纤维的复合膜可能具有在燃料电池方面的潜在应用。

### 7.2.2　电极材料

　　聚酰亚胺是一类分子主链中含有酰亚胺基团的芳杂环聚合物，分子中存在高度共轭结构，碳化后的 PI 碳纳米纤维具有高于碳化腈纶纳米纤维的良好导电性能。侯豪情等[37]研究了聚酰亚胺纳米纤维布的形成并将其碳化制备碳纳米纤维布电极，检测该纳米纤维布电极的导电性能及其储电性能等。由这种碳纳米纤维布电极组成的超级电容器在有机电介质体系中的储电容量达到 118.5 F/g。将聚酰亚胺碳纳米纤维非织造布经双氧水处理并在氮气氛围中 750℃活化，使其比表面积增大，从而改善其储电性能。活化后碳纳米纤维具有更大的比表面积，电极材料的储电容量随活化程度的提高而增大；聚酰亚胺碳纳米纤维电极具有良好的超级电容器特性，在 1 mol/L 的 $H_2SO_4$ 电解液中，经 6 h 活化后的碳纳米纤维电极具有良好的电荷储存能力，比电容量达到 174.2 F/g[38]。

研究表明，将聚酰亚胺通过静电纺丝的方法制得纳米纤维膜，再通过进一步碳化得到的自支撑碳膜在超级电容器和锂离子电池中有良好的应用前景。对聚酰亚胺纳米纤维进行碳化是实现其导电并应用于能源储存领域的重要途径。张清华课题组[39]选用不同单体聚合得到的聚酰胺酸进行静电纺丝，如图 7-7 所示，碳化后得到的材料分别用于超级电容器和锂离子电池电极材料，且均取得优异的性能。聚酰亚胺具有优异的热稳定性和相对较高的氮含量，故选取 BPDA 和 PRM 为单体合成 PAA，进行静电纺丝并最终用作锂离

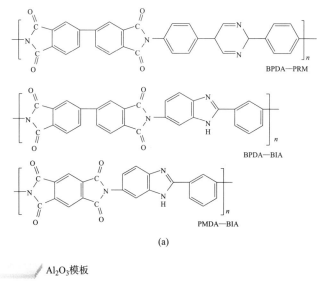

(a)

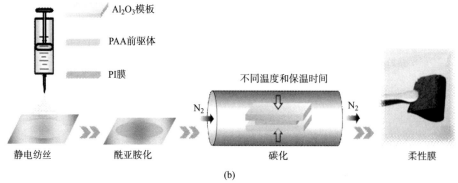

(b)

图 7-7　不同结构聚酰亚胺及纳米纤维膜的纺丝、酰亚胺化及碳化示意图

子电池的负极材料。研究了碳化条件对最终材料氮含量的影响，在预氧化条件下得到的材料具有相对高的氮含量。将材料在不同温度下（550～950℃）保温不同的时间（0.5～10h），对材料的最终性能产生较大的影响。随着碳化温度的升高，碳化后纤维的直径从 190 nm 减小到 130 nm，氮含量高达 6.77%。在 650℃下处理 3 h 得到的材料用作负极材料表现出最优异的性能：0.1A/g 电流密度下材料的平均比容量达到 695 mAh/g；1.5 A/g 电流密度下，300 圈循环后容量保持率接近 100%，达到 321 mAh/g。为了进一步提高材料的氮含量，选取 BPDA—BIA 和 PMDA—BIA 两种结构聚酰亚胺，与 BPDA—PRM 作比较，其中 PMDA—BIA 结构的聚酰亚胺拥有最高的氮含量 11.71%，相应的电化学性能表现也最优异，0.1 A/g 电流密度下材料的平均比容量达到 944 mAh/g，1.5A /g 电流密度下，300 圈循环后容量为 357 mAh/g。

此外，该课题组利用含有苯并吡咯和苯并咪唑环的二酐和二胺单体（BTDA—BIA/TFMB）通过缩合聚合得到聚酰亚胺纺丝液，如图 7-8 所示，在合适的条件下进行静电纺丝，进一步热环化、碳化得到自支撑的碳膜。碳

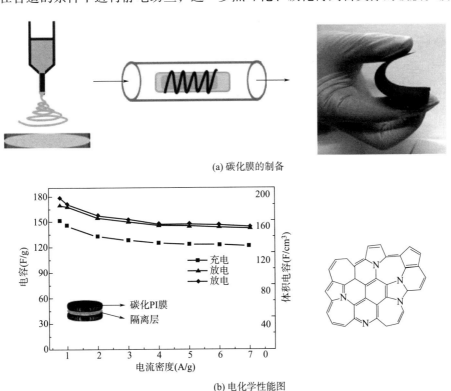

(a) 碳化膜的制备

(b) 电化学性能图

图 7-8　BTDA—BIA/TFMB 结构聚酰亚胺纳米纤维碳化膜的制备与电化学性能图

化后纤维直径为 0.5 ~ 1 μm，比表面积达到 442 m²/g，电导率达到 2500 S/m，含氮量为 5.8%，XPS 测试结果发现 N 的掺杂形式主要为石墨型氮。将材料用作超级电容器的电极材料，其体积比容量达到 159.3 F/g，7 A/g 的电流密度下容量为 127.5 F/g，同时也具有良好的循环性能[40]。

Yang 等[41]利用四氢呋喃/甲醇混合溶剂合成了固含量为 12% 的 PMDA—ODA 聚酰胺酸溶液，经静电纺丝制得平均直径在 2 ~ 3 μm 的 PAA 微米级纤维网。将纺丝样品置于高温下碳化、石墨化后得到碳纤维。随着碳化温度升高，样品导电性提高。碳化后纤维网的电导率随着热处理温度的升高而增加，在 1000℃和 2200℃分别为 2.5 S/cm 和 5.3 S/cm。碳化纤维网的拉伸强度和模量分别为 5.0 MPa 和 73.9 MPa。其制得的碳纤维与先前报道的利用聚苯胺（PAN）以相同方法制得的碳纤维相比，在电导率方面有显著的提高，从 1.96 S/cm 提高到 2.5 S/cm。仲红玲等[42]研究了不同碳化温度对纳米纤维膜成分的影响，随着碳化温度从 600℃逐渐升高至 1000℃，纤维膜中纤维的平均直径逐渐下降。在亚胺化温度为 350℃时，除含有 C（73.8%）、O（18.43%）两种元素之外，还含有 N（7.77%）；纤维膜在 600℃下碳化后，其纤维中碳元素含量急剧上升到 92.15%，此时 PI 分子链已经开始分解，氧元素开始脱除；在 1000℃高温碳化后，所得纤维中只含有碳、氧两种元素。随着碳化温度继续升高，纤维中 C 含量变化不大，最终在 1000℃时纤维中 C 含量为 96.16%，O 含量由最初 350℃时的 18.43% 下降到 3.84%。因此，从纤维的化学成分的变化也可以看到，高温碳化阶段 PI 分子链发生了剧烈的反应。

Chung 等[43]直接将可溶性 PI-Matrimid5218 溶解至 DMAc 中，纺得 PI 非织造布，后经高温碳化得碳纤维。在纺丝过程中，作者加入了一定量的三乙酰丙酮化铁作为添加剂，可以提高碳化过程中的碳产率，增大纤维中的晶区尺寸，同时也能提高所得非织造布的热稳定性。微纳米纤维具有的高孔隙率、高比表面积及碳化纤维的高电导率，给此类电极带来了高比电容率、高反应可逆性，这也正是静电纺 PI 能够在高性能电极、超级电容器制备及储能等方面受到广泛关注的重要原因。Kim 等[44]将聚酰胺酸进行静电纺丝并进行高温酰亚胺化，随后将酰亚胺化的纳米纤维网在氮气氛围下 700 ~ 1000℃的温度范围内碳化处理，最后在水蒸气氛围下 650 ~ 850℃的温度范围内用氢氧化钾活化处理，材料的比表面积达到 940 ~ 2100 m²/g。用作超级电容器的电极材料，在 1 A/g 的高电流密度下依然显示出 173 F/g 的比容量。

### 7.2.3　隔热材料

聚酰亚胺气凝胶是三维纳米多孔材料，具有耐高温、绝缘、轻质、柔韧和隔热等性能。聚酰亚胺气凝胶的纳米级孔隙和三维交联多孔结构是气凝胶诸多特性的关键。其孔隙率高，孔隙的尺度在 70 nm 以下，气凝胶内含有大量的气体，气体分子失去了自由流动的能力，只是相对地附着在纳米级空隙的气孔壁上。这时材料所处的状态近似于真空状态，气相无法参与热对流，因此，聚酰亚胺气凝胶具有很低的热导率，常温热导率最低为 14 mW/（m·K）。目前已经研制成功的具有耐高温、阻燃、高绝缘、高绝热及良好柔韧性的聚酰亚胺气凝胶产品，在航空航天等领域有着较好的应用前景。

国防科技大学 Feng 等[45]以 BPDA 和 ODA 为原料，经 TAB 交联制得聚酰亚胺气凝胶，并对其在 $N_2$ 和 $CO_2$ 氛围下的热导率进行了详细探讨。在压强为 5 Pa，温度为 –130℃的条件下，聚酰亚胺气凝胶的热导率低至 8.42 mW/（m·K）。Meador 与 Guo 等人[46]还研究了采用多胺化合物，如八（氨基苯基）笼形聚倍半硅氧烷（OAPS）等作为交联剂制备聚酰亚胺气凝胶。首先采用过量的 BPDA 与 1,4- 双（4- 氨基苯基亚甲基）苯反应制备了酐封端的聚酰胺酸溶液，然后加入 OAPS 生成聚酰胺酸凝胶，经过乙酸酐 / 吡啶亚胺化后制得聚酰亚胺凝胶，最后经超临界二氧化碳干燥技术制得了聚酰亚胺气凝胶。该气凝胶的密度约为 0.1 g/cm³，孔隙率为 92%，比表面积为 240 ~ 260 m²/g，具有良好的热稳定性，起始热分解温度为 560℃。此外，制备的聚酰亚胺气凝胶具有良好的柔韧性，十分适于膨胀式结构（如可膨胀式制动器）的绝热层。张清华课题组将凹凸棒土加入聚酰胺酸溶液中，利用超临界二氧化碳干燥技术制备了 BPDA—TFMB/DMBZ 和 BPDA—TFMB/ODA 的复合气凝胶，红外热成像测试表明，如图 7-9 所示，凹凸棒土的加入明显降低了气凝胶的传热能力，同时 BPDA—TFMB/DMBZ 结构具有较低的热收缩率。

135

### 7.2.4　介电材料

在新一代先进透波复合材料中，需要其增强纤维同时保持低介电常数，良好力学性能及热稳定性。芳族聚酰亚胺纤维因为具有优异的热稳定性，良好的耐化学性、耐辐射性等已成为最重要的高性能聚合物纤维之一。目前为止，商业生产聚酰亚胺因不同的化学链结构，介电常数通常在 3.0 ~ 3.5。如果可以进一步降低 PI 的介电常数，并且可以成功制备相应的具有良好力学

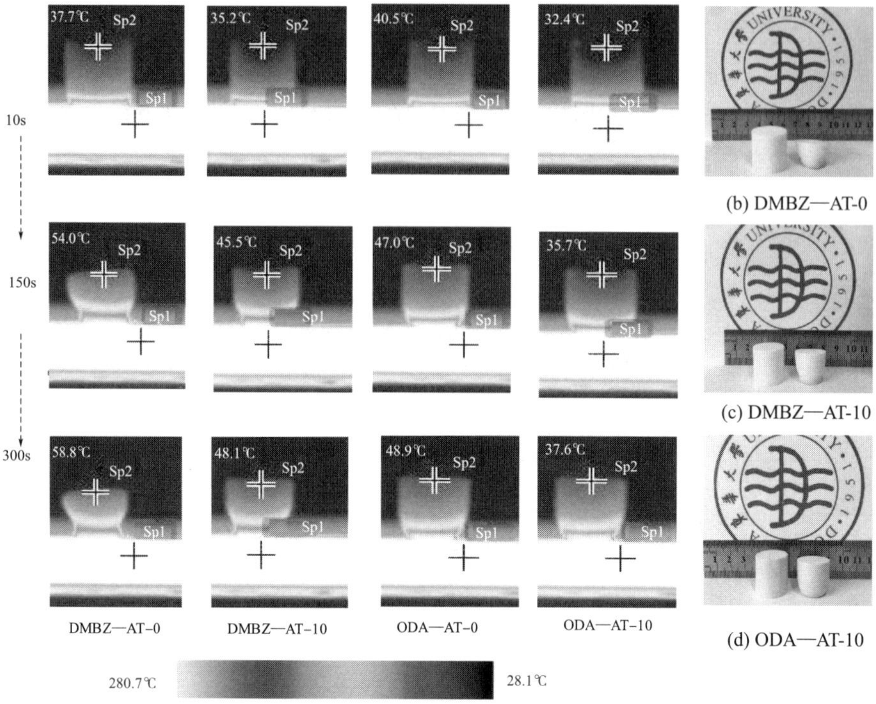

(b) DMBZ—AT-0

(c) DMBZ—AT-10

(d) ODA—AT-10

(a) 红外热成像图

图 7-9 凹凸棒土复合 BPDA—TFMB/DMBZ 和 BPDA—TFMB/ODA 聚酰亚胺气凝胶的红外热成像图（280℃）及红外热成像测试前后的形状收缩对比图

性能的 PI 纤维，则由低密度和低介电常数 PI 纤维制成的轻量级天线罩将大大降低电磁波传输损耗。张清华课题组[47-48]从分子结构设计出发，合成了具有氨基修饰的超支化聚硅氧烷（NH₂—HBPSi），然后将 NH₂—HBPSi 通过一步法原位聚合引入到含有—CF₃（三氟甲基）的可溶性聚酰亚胺中，制备了一系列不同 NH₂—HBPSi 含量的聚酰亚胺纺丝溶液，利用湿法纺丝和高温热牵伸技术（图 7-10）制备了兼具优异耐热性能、低吸水率、良好力学性能的低介电聚酰亚胺纤维。为了进一步提高复合纤维的力学性能，又设计了结构更加刚性的聚酰亚胺基体，并通过两步法原位聚合将 NH₂—HBPSi 成功引入，制备了一系列不同 NH₂—HBPSi 含量的聚酰胺酸纺丝溶液，再次利用湿法纺丝技术制备了聚酰胺酸初生纤维，经过适宜的热环化及热牵伸处理，纤维的力学性能得到大大提升，并且对聚酰亚胺复合纤维的结构和性能进行了深入分析研究。研究结果表明，PI/HBPSi 复合纤维的介电常数和损耗随着 NH₂—HBPSi 含量的增加显著降低，即介电常数从纯 PI 纤维的 3.6 降到复合纤维的 2.56（$f=10^8$），介电损耗也从 0.047 降到 0.01 以下，这种降低主要是 NH₂—HBPSi 的介电限域效应和聚合物链的自由体积增加引起的。NH₂—HBPSi 的加入还能有效地增强纤维的力学性能，拉伸强度为 3.44 GPa，模量为 115.2 GPa，相对于纯 PI 纤维，强度增加 37%，而且比商品化的高强度 Kevlar 49 纤维的强度还高（约高出 19%）。

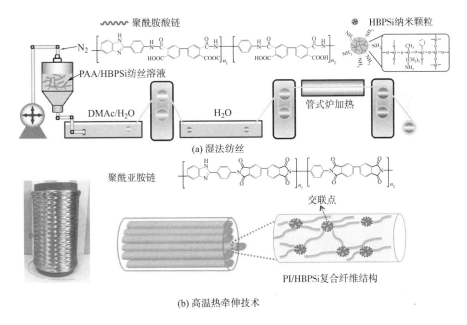

(a) 湿法纺丝

(b) 高温热牵伸技术

图 7-10　基于 BPDAPDA—BIA 结构的低介电高强聚酰亚胺纤维的制备流程图

对聚酰亚胺气凝胶进行功能化处理也可降低其介电常数与介电损耗，作者课题组针对传统 BPDA—ODA 结构聚酰亚胺气凝胶吸湿性较大的问题，引入含三氟甲基的 TFMB 进行共聚，研究了二胺 ODA/TFMB 比例对聚酰亚胺气凝胶密度、比表面积、热性能、机械性能及吸湿性能的影响。结果表明，TFMB 的加入使聚酰亚胺的机械性能、介电性能和耐热性能有所提高，吸湿性显著降低，扩展了其在潮湿环境中的应用。当 ODA ∶ TFMB = 5 ∶ 5 时，聚酰亚胺气凝胶的综合性能最佳，其介电性能如图 7-11 所示。

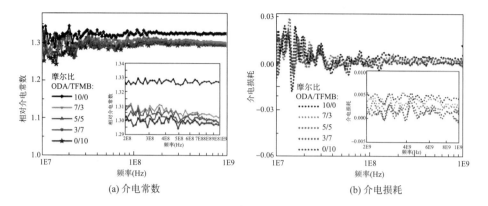

(a) 介电常数　　　　　　　　　　　　(b) 介电损耗

图 7-11　不同 ODA/TFMB 比例下共聚 BPDA—ODA/TFMB 气凝胶的介电性能

# 参考文献

［1］赵昕，张清华. 碳纳米管/聚合物纳米复合纤维静电纺丝研究进展［J］. 合成纤维工业，2008，31（5）：35-38.

［2］侯豪情，许文慧，丁义纯. 高性能聚合物电纺纳米纤维最新进展［J］. 江西师范大学学报（自然科学版），2018，42（06）：5-18.

［3］SIMONS H L. Process and apparatus for producing patterned non-woven fabrics：U. S. Patent 3,280,229［P］. 1966-10-18.

［4］LARRONDO L, JOHN M RST. Electrostatic fiber spinning from polymer melts［J］. Journal of Polymer Science Part B-Polymer Physics，1981，19：909-940.

［5］RENEKER D H, YARIN A L, FONG H, et al. Bending instability of electrically charged liquid jets of polymer solutions in electrospinning［J］. Journal of Applied Physics，2000，87（9）：4531-4547.

［6］DEITZEL J M, KLEINMEYER J, HARRIS D E A, et al. The effect of processing variables on the morphology of electrospun nanofibers and textiles［J］. Polymer，2001，42（1）：261-272.

［7］郭建. 纳米纤维静电纺丝机——纳米蜘蛛［J］. 全球科技经济瞭望，2005（2）：64-64.

［8］RENEKER D H, CHUN I. Nanometre diameter fibres of polymer，produced by electrospinning［J］. Nanotechnology，1996，7（3）：216.

［9］NAH C, HAN S H, LEE M H, et al. Characteristics of polyimide ultrafine fibers prepared through electrospinning［J］. Polymer International，2003，52（3）：429-432.

［10］吴晓. 联苯二胺型聚酰亚胺结构与性能的研究［D］. 成都：四川大学，2007.

［11］HUANG C B, WANG Q Q, ZHANG H A N, et al. High strength electrospun polymer nanofibers made from BPDA—PDA polyimide [J]. European Polymer Journal, 2006, 42 (5): 1099–1104.

[12] HUANG C, CHEN S, RENEKER D H, et al. High strength mats from electrospun poly (p-phenylenebiphenyltetracarboximide) nanofibers [J]. Advanced Materials, 2006, 18 (5): 668–671.

[13] CHEN S, HU P, GREINER A, et al. Electrospun nanofiber belts made from high performance copolyimide [J]. Nanotechnology, 2008, 19 (1): 015604.

[14] ZHU J, WEI S, CHEN X, et al. Electrospun polyimide nanocomposite fibers reinforced with core–shell Fe—FeO nanoparticles [J]. The Journal of Physical Chemistry C, 2010, 114 (19): 8844–8850.

[15] CHEN D, LIU T, ZHOU X, et al. Electrospinning fabrication of high strength and toughness polyimide nanofiber membranes containing multiwalled carbon nanotubes [J]. The Journal of Physical Chemistry B, 2009, 113 (29): 9741–9748.

[16] CHEN D, WANG R, WENG W T, et al. High performance polyimide composite films prepared by homogeneity reinforcement of electrospun nanofibers [J]. Composites Science and Technology, 2011, 71 (13): 1556–1562.

[17] HAN E, WU D, QI S, et al. Incorporation of silver nanoparticles into the bulk of the electrospun ultrafine polyimide nanofibers via a direct ion exchange self–metallization process [J]. ACS Applied Materials & Interfaces, 2012, 4 (5): 2583–2590.

[18] 李学佳, 黄加露, 傅海洪, 等. 亚胺化时间对电纺聚酰亚胺纳米纤维结构和性能的影响 [J]. 高分子材料科学与工程, 2014, 30 (11): 78–82.

[19] 孟继智, 李娟娟, 石友昌, 等. $SiO_2$ 气凝胶干燥技术的研究进展 [J]. 化工科技, 2016, 24 (2): 73–77.

[20] QIAN Z, WANG Z, CHEN Y, et al. Superelastic and ultralight polyimide aerogels as thermal insulators and particulate air filters [J]. Journal of Materials Chemistry A, 2018, 6: 828–832.

[21] KASPER J C, FRIESS W. The freezing step in lyophilization: physico–chemical fundamentals, freezing methods and consequences on process performance and quality attributes of biopharmaceuticals [J]. European Journal of Pharmaceutics & Biopharmaceutics, 2011, 78 (2): 248–263.

[22] SAZANOV Y N. Thermoanalytical investigation of high–temperature transformations of polyimides [J]. Journal of Thermal Analysis, 1988, 34 (4): 1117–1139.

[23] JIANG S, UCH B, AGARWAL S, et al. Ultralight, thermally insulating, compressible polyimide fiber assembled sponges [J]. ACS Applied Materials & Interfaces, 2017, 9 (37): 32308.

[24] LAI F, HUANG Y, ZUO L, et al. Electrospun nanofiber–supported carbon aerogel as a versatile platform to ward asymmetric supercapacitors [J]. Journal of Materials Chemistry A, 2016, 4 (41): 15861–15869.

[25] KOCON L, DESPETIS F, PHALIPPOU J. Ultralow density silica aerogels by alcohol supercritical drying [J]. Journal of Non–crystalline Solids, 1998, 225: 96–100.

［26］KISTLER S S. Coherent expanded aerogels and jellies［J］. Nature，1931，127（3211）：741.

［27］TEICHNER S J，NICOLAON G A. Method of preparing inorganic aerogels：U.S.，3672833［P］. 1972-6-27.

［28］TEWARI P H，HUNT A J，LOFFTUS K D. Ambient-temperature supercritical drying of transparent silica aerogels［J］. Materials Letters，1985，3（9-10）：363-367.

［29］MEADOR M A B，MALOW E J，SILVA R，et al. Mechanically strong，flexible polyimide aerogels cross-linked with aromatic triamine［J］. ACS Applied Materials & Interfaces，2012，4（2）：536-544.

［30］MEADOR M A B，ALEMÁN C R，HANSON K，et al. Polyimide aerogels with amide cross-links：a low cost alternative for mechanically strong polymer aerogels［J］. ACS Applied Materials & Interfaces，2015，7（2）：1240-1249.

［31］NGUYEN B N，CUDJOE E，DOUGLAS A，et al. Polyimide Cellulose Nanocrystal Composite Aerogels［J］. Macromolecules，2016，49（5）：1692-1703.

［32］WU T，DONG J，GAN F，FANG Y，et al. Low dielectric constant and moisture-resistant polyimide aerogels containing trifluoromethyl pendent groups［J］. Applied Surface Science，2018，440：595-605.

［33］MIAO Y E，ZHU G N，HOU H，et al. Electrospun polyimide nanofiber-based nonwoven separators for lithium-ion batteries［J］. Journal of Power Sources，2013，226（6）：82-86.

［34］袁利娟. 静电纺丝制备聚酰亚胺交联纳米纤维膜及其作为锂电隔膜的应用研究［D］. 北京：北京化工大学，2015.

［35］YE W，ZHU J，LIAO X，et al. Hierarchical three-dimensional micro/nano-architecture of polyaniline nanowires wrapped-on polyimide nanofibers for high performance lithium-ion battery separators［J］. Journal of Power Sources，2015，299：417-424.

［36］TAMURA T，KAWAKAMI H. Aligned Electrospun Nanofiber Composite Membranes for Fuel Cell Electrolytes［J］. Nano Letters，2010，10（4）：1324-1328.

［37］王素琴，赖垂林，李婷婷，等. 聚酰亚胺纳米纤维碳化及其储电性能研究［J］. 江西师范大学学报（自然科学版），2007，31（4）：331-335.

［38］王素琴，杨占红，黎泓波，等. $H_2O_2$ 活化聚酰亚胺碳纳米纤维无纺布及其储电性能［J］. 纳米技术与精密工程，2009，7（3）：195-200.

［39］ZHAO F，ZHAO X，PENG B，et al. Polyimide-derived carbon nanofiber membranes as anodes for high-performance flexible lithium ion batteries［J］. Chinese Chemical Letters，2018，29（11）：1692-1697.

［40］LI Y，DONG J，ZHANG J，et al. Nitrogen-doped carbon membrane derived from polyimide as free-standing electrodes for flexible supercapacitors［J］. Small，2015，11（28）：3476-3484.

［41］YANG K S，EDIE D D，LIM D Y，et al. Preparation of carbon fiber web from electrostatic spinning of PMDA—ODA poly（amic acid）solution［J］. Carbon，2003，41（11）：2039-2046.

［42］仲红玲. 聚酰亚胺基碳纳米纤维膜的研制［D］. 哈尔滨：哈尔滨理工大学，2009.

［43］CHUNG G S, JO S M, KIM B C. Properties of carbon nanofibers prepared from electrospun polyimide［J］. Journal of Applied Polymer Science，2005，97（1）：165–170.

［44］KIM C, CHOI Y O, LEE W J, et al. Supercapacitor performances of activated carbon fiber webs prepared by electrospinning of PMDA—ODA poly（amic acid）solutions［J］. Electrochimica Acta，2004，50（2–3）：883–887.

［45］FENG J, WANG X, JIANG Y, et al. Study on thermal conductivities of aromatic polyimide aerogels［J］. ACS Applied Materials & Interfaces，2016，8（20）：12992–12996.

［46］GUO H, MEADOR M A B, MCCORKLE L, et al. Polyimide aerogels cross–linked through amine functionalized polyoligomericsilsesquioxane［J］. ACS Applied Materials & Interfaces，2011，3（2）：546–552.

［47］DONG J, YANG C, CHENG Y, et al. Facile method for fabricating low dielectric constant polyimide fibers with hyperbranched polysiloxane［J］. Journal of Materials Chemistry C，2017，5：2818–2825.

［48］YANG C, DONG J, FANG Y, et al. Novel low–κ polyimide fibers with simultaneously excellent uv–resistance and surface activity by chemically bonded hyperbranched polysiloxane［J］. Journal of Materials Chemistry C，2018，6（5）：1229–1238.

# 第8章　聚酰亚胺中空纤维膜

## 8.1　中空纤维膜分离技术

　　膜分离技术是指利用膜作为阻隔层，限制和传递各种化学物质，以实现选择性分离的新技术。分离膜的种类和功能繁多，有多种分类方法。按照分离机理，分离膜可分为微滤膜、超滤膜、纳滤膜、透析膜、电渗析膜、反渗透膜、气体分离膜等。根据材料不同，可分为无机膜和有机膜，无机膜主要是陶瓷膜和金属膜，其过滤精度较低，选择性较小；有机膜是由高分子材料组成，如醋酸纤维素、芳香族聚酰胺、聚醚砜、聚氟聚合物等。根据形态不同，有平板膜、管式膜、中空纤维膜等，其中，中空纤维膜具有体积小、自支撑能力强、装填密度大等优点，一直是膜分离技术的重点研究对象。

　　膜分离过程中被分离的流动相快速通过分离膜，达到富集、浓缩和纯化的目的。膜的渗透速率与厚度成反比，与膜面积及膜面两侧的压差成正比。平板膜设计通常采用纺织品、非织造布或多孔高分子作为膜的支撑材料，不仅可用于板式组器件中，还能用于制备卷式元器件。中空纤维膜具有致密纤维内壁，且具有足够的机械强度，可避免使用多孔支撑材料，同时可提供很大的膜表面密度（单位体积的膜面积），从而提高分离效率。20世纪60年代，美国hevens公司和杜邦公司分别制造出管式膜组件和中空纤维膜组件，促进了中空纤维膜技术的发展[1-2]。

　　中空纤维膜是一种外形呈纤维状，具有自支撑作用的膜，是分离膜领域中的一个重要分支。中空纤维膜内径一般为 25 ～ 350 μm，外径为 80 ～ 1000 μm，几何尺寸可根据分离体系的组成、浓度、膜材质、纺丝工艺等具体条件而定，并根据不同的分离特性制成反渗透膜、超滤膜、微孔滤膜和渗透汽化复合膜等。与其他分离膜相比，中空纤维膜呈自支撑结构，无须另加其他支撑体，可使膜组件的加工简化，成本降低；单位体积装填密度大，可以提供较大的比表面积。

## 8.2　聚酰亚胺中空纤维膜的发展概况

在膜材料中，聚合物膜因制备相对简单，具有柔性、结构可调等特性备受关注，目前研究比较多的聚合物膜材料有醋酸纤维素、聚砜、聚苯醚、聚二甲基硅氧烷、聚酰亚胺等。许多含氮芳杂环聚合物兼具有高的透气性和透气选择性，聚酸亚胺是其中之一。聚酰亚胺具有稳定的化学结构、优良的力学性能、大的自由体积以及可设计的结构，对气体混合物具有较高的渗透性和选择性，有望在气体分离中得到广泛应用。聚酰亚胺可制成高通量的自支撑型不对称中空纤维，其除了具有一般中空纤维膜的装填密度高、比表面积大、耐压性能好、膜组件结构简单等优点外，还具有很好的耐热性、机械强度、耐溶剂性，因其对 $H_2$、$CO_2$ 和 $O_2$ 等具有很高的气体透过率和选择性，可用于 $H_2$ 和 $N_2$ 的分离、CO 的浓缩、He 气的精制、有机蒸气的脱水或空气干燥等方面。此外，合成聚酰亚胺所用的二酐和二胺单体种类多、结构多样，可以通过分子设计改变聚酰亚胺的化学结构，得到具有各种分离性能的膜材料，从而实现其在分离膜模块、流体分离膜、碳分子筛等领域的应用。同时，聚酰亚胺的分子结构也决定了该聚合物具有较高的热稳定性和化学稳定性，可在复杂环境中使用[3]，可应用于气体分离的中空纤维膜的制备和应用。

日本和美国等发达国家在聚酰亚胺中空纤维领域的技术实力较强，如日本的宇部兴产公司于 20 世纪 80 年代成功开发了联苯型聚酰亚胺中空纤维气体膜分离器，商品牌号为宇部气体分离器（Ube $H_2$ Separator），该分离器的透氢速率为 $10^{-8}$ ~ $10^{-7}$ $cm^3$（STP）/（$cm^2 \cdot s \cdot Pa$），$H_2/N_2$ 分离系数和 $H_2/CH_4$ 分离系数可在 60 ~ 250 进行调整，它的耐压能力、抗化学能力和使用寿命均比以往的气体膜分离器好得多，可在 15 MPa 和 150℃条件下长期使用[4]。中国虽然是该项技术的主要技术发明国和应用国，但尚未拥有核心专利。

中空纤维分离膜最主要的制备工艺方法是相转化法，利用纺丝液中的溶剂与凝固浴非溶剂间的扩散传质，将原来处于稳定状态的纺丝液变成非稳态而产生相分离，固化形成膜结构[5]。20 世纪 60 年代初，Loeb 和 Sourirajian 等[6]首先采用干—湿法（又称 L—S 法）得到醋酸纤维素反渗透膜，制备流程如图 8-1 所示。L—S 法包括两个基本步骤：一是纺丝液的配制，即通过聚合得到具有可纺性的高分子溶液，或者将高分子溶解于某一溶剂中而得到；二是纺丝成形，纺丝液经计量泵挤入特制的喷丝板，初生膜丝流经一段空气，此时膜丝表面的溶剂往外扩散形成致密结构，随即浸入凝固浴发生相分离，纺丝液和凝固浴之间发生溶剂、非溶剂的双扩散。这种扩散的结果是膜中非溶剂浓度的增加，发生聚合物—非溶剂的分相，分相后富相聚合物固化形成膜基体，贫相细核继续长大形成孔结构，这样的孔结构可以通过凝固浴等条件来调控。孔结构形态多样，其中海绵状孔结构既增强了机械强度又可增大气体的渗透速率，有利于其在工业上的应用。

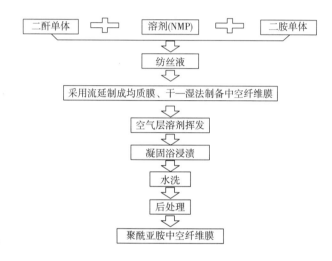

图 8-1　L—S 法制备中空纤维膜

## 8.3　聚酰亚胺中空纤维的气体分离特性

聚酰亚胺是由芳香族或脂环族二酐和二元胺经缩聚得到的芳杂环聚合物，二酐和二胺的化学结构是决定其气体分离性能的主要因素，例如，在刚性分子链中引入扭曲的非共平面结构，可以增加聚合物分子结构的不对称性，抑制大分子链紧密堆积，增大聚合物的自由体积，可提高中空纤维膜的渗透性。

### 8.3.1　二酐结构与分离特性

一般来讲，由刚性二酐合成的聚合物分子具有较大的刚性，分子链堆砌不够紧密，具有较大的自由体积，因此具备较好的气体渗透性。同时，具有刚性分子链的聚合物的玻璃化转变温度和内聚能密度都比较高，因此也具有较高的气体选择性，在高温的条件下，仍具有较高的分离系数。例如，均苯型聚酰亚胺的透气性要好于联苯型和二苯酮型聚酰亚胺，但均苯型聚合物往往具有较差的溶解性能，从而影响其加工性，限制了其在中空纤维膜方面的应用。柔性基团的引入会使聚酰亚胺的链段活动增大，具有较好的气体渗透性，但透气选择性相对较差[4]。

当二胺为 ODA 或 MDA 时，所使用的双环型二酐对聚酰亚胺渗透性有较大影响，其渗透性大小顺序为：BPDA < BTDA < ODPA=TDPA < DSDA < SiDA < 6FDA，而选择性的大小顺序则相反。多环型二酐聚酰亚胺透气性的大小顺序为：DEsDA < HQDPA < BPADA，透气选择性的大小顺序却与此相反。DEsDA 型聚酰亚胺的透气性极低，不能用作分离膜材料，而是性能优异的阻透气包装材料。BPDA 型聚酰亚胺的透气性也很低，但其透气选择性极高，通过共聚改性或引入—$CF_3$[7]、三蝶烯[8]、聚醚[9]、叔丁基[10]、Tröger's base（TB）[11] 等基团，使聚合物分子链发生扭曲，增加自由体积，提高分子空间位阻，可明显提高气体的透过性。且可获得比较均衡的气体分离性能，6FDA 和 SiDA 型聚酰亚胺具有很高的透气性和较高的 $CO_2/CH_4$ 及 $O_2/N_2$ 选择性及良好的溶解性[12]。

此外，异构化二酐对聚酰亚胺的气体分离性能也有很大的影响。由 3,3'-联苯二酐合成的聚酰亚胺比由 4,4'-联苯二酐合成的聚酰亚胺具有较高的气体扩散系数和较低的气体扩散选择性，而与气体溶解系数及气体溶解选择性的关系较小，说明由异构化二酐合成的聚酰亚胺气体分离性能的差异主要是由自由体积及其分布所决定的。

### 8.3.2　二胺结构与分离特性

二胺的化学结构也是影响聚酰亚胺透气性的重要因素。由不含取代基的苯二胺、联苯胺和稠环芳二胺制得的聚酰亚胺的透气性均较差。通过在联苯胺的两个苯环间引入取代基，可不同程度地改善聚合物的透气性。大体积取代基的引入可使聚酰亚胺的链段堆砌性减小，有利于增加自由体积，从而使透气性增大。柔性基团的引入可以使聚合物的链段活动性增加，有利于气体的扩散，从而增加对气体的渗透性。例如，对于二苯酮型聚酰亚胺，透气性顺序是 BTDA—MDA > BTDA—DABPS > BTDA—ODA > BTDA—DABP > BTDA—Benzidine；对于均苯型聚酰亚胺，透气性顺序是 PMDA—PDA > PMDA—MDA > PMDA—ODA > PMDA—DABP；对于联苯型聚酰亚胺，透气性顺序是 BPDA—DDS > BPDA—MDA > BPDA—ODA。另外，氨基的位置对聚酰亚胺的透气性也有影响，例如，BTDA—（$m$-PDA）的透气性好于 BTDA—（$p$-PDA）；BTDA—（$p,p'$-MDA）的透气性好于 BTDA—（$m,m'$-MDA）[4]。

膜的选择性与聚合物的分子极性等因素有关，在膜内引入—OH、—O—、—COOH、—F 等极性基团，可提高 $CO_2$ 与膜的亲和力，进而增加膜对 $CO_2$ 的选择透过性。例如，Ma 等[13]合成了含有羟基结构的二胺单体，用此二胺合成的聚酰亚胺的 $CO_2$ 溶解系数提高了 50%，而且 $CO_2/CH_4$ 的溶解选择性均大于对照样品；Lee 等[14]通过共聚将含酚羟基的二胺引入到聚酰亚胺中，经热致重排反应得到热致刚性中空纤维膜材料（TR—PBOI），膜对 $CO_2$ 的渗透通量达到了 560 GPU，$CO_2/N_2$ 分离系数达到了 16.8。另外，将 $CF_3$ 大侧基引入到可交联的不对称聚酰亚胺中空纤维膜，提供了强旋转屏障在交联期间有效防止纤维过渡层塌陷，从而使交联的中空纤维对 $CO_2/CH_4$ 具有高的选择性[15]。

### 8.3.3 共聚结构与分离特性

聚酰亚胺中空纤维和其他高分子膜一样，也存在着透气性和透气选择性相矛盾的问题，即透气性好的材料往往透气选择性差，反之亦然。而将透气性好的聚酰亚胺与透气选择性好的结构共聚可以得到兼具两者之长的分离膜材料。例如，把均苯酐与其他二酐共聚，制得的聚酰亚胺可溶于某些酚类溶剂或极性非质子化溶剂，从而改善其加工性能，可以获得具有高透过性和透气选择性的聚酰亚胺中空纤维。基于 BTDA—TDI/MDI 共聚酰亚胺（P84）的不对称中空纤维具有较高的气体选择系数，该材料对 $He/N_2$、$CO_2/N_2$ 和 $O_2/N_2$ 具有优异的分离性能，理想的选择性是气体分离系数分别在 285 ~ 300、45 ~ 50 和 8.3 ~ 10 范围内[16]。6FDA/BPDA—DDBT 共聚酰亚胺薄膜的透气性远大于 BPDA—DDBT，且表现出对 $C_3H_6/C_3H_8$ 和 $C_4H_6/C_4H_{10}$ 较好的气体分离性[17]。聚酰胺—酰亚胺聚合物 Torlon® 能够形成链间氢键和链内氢键，被选为高压 $CO_2$ 分离的膜材料，采用干湿纺工艺，Torlon® 可成功制造出无缺陷的不对称中空纤维膜，可承受高达 $1.38 \times 10^4$ kPa 的 $N_2$ 压力，在 $7.59 \times 10^3$ kPa 的 $CO_2$ 分压下对 $CO_2/CH_4$ 的选择性为 39.6，该膜在超临界 $CO_2$ 条件下可以实现选择性分离，是理想的高压 $CO_2$ 分离材料[18]。

## 8.4 聚酰亚胺中空纤维膜的制备

聚酰亚胺中空纤维的制备是一个极为复杂的过程，在孔隙形成和相转化过程中，有较多的因素制约着纤维的形态和性质，其制备装置如图8-2所示。过滤、脱泡后的纺丝液经计量泵从喷丝板挤出，同时，芯液也经泵从喷丝板挤出。由此形成的初生纤维在空气间隙中产生初步相分离，随后进入凝固浴完成相转化过程，经集丝轮收集后进行各种后处理，即形成中空纤维膜。在聚酰亚胺中空纤维纺丝过程中发生了内表面和外表面两种固化，同时用以生产中空纤维膜的纺丝溶液往往具有较大的黏度，对相转化的速率也有一定的影响，因此，纺丝液的性质、溶剂种类、内外凝固浴的组成等因素对于中空纤维的结构与性能具有较大的影响。

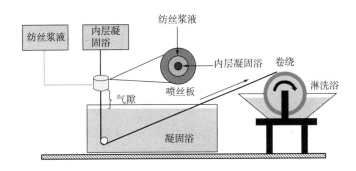

图 8-2 干—湿法纺丝制备中空纤维示意图

### 8.4.1 纺丝液

采用聚酰胺酸溶液为纺丝液纺制中空纤维亦称两步法，采用聚酰亚胺溶液为纺丝液的方法则称为一步法。一步法纺丝时，所使用的聚酰亚胺溶液是由 PAA 通过化学亚胺化或热亚胺化制备的，在相同的纺丝工艺下，纺丝液的性质对所制备中空纤维的结构具有一定的影响。如图8-3所示，采用热亚胺化和化学亚胺化合成的纺丝溶液所制备中空纤维均呈现不规则断面，产生的局部缺陷较多，无法形成完善的致密层。

以 PAA 溶液为纺丝液的两步法路线制备中空纤维的 PAA 中空纤维膜如图8-4所示，呈现表层致密、内层多孔的结构。尽管两步法路线增加了环化反应这一环节，但 PAA 具有很好的溶解性和可纺性，且单体结构丰富，为大分子结构的设计与合成提供了诸多方便，因此，相比于一步法，两步法具有更宽的适用范围，且能赋予中空纤维功能性和多样性。

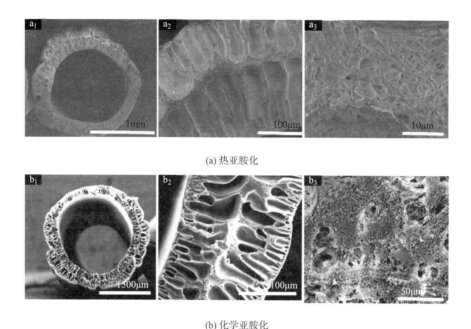

(a) 热亚胺化

(b) 化学亚胺化

图 8-3  通过一步法制备的聚酰亚胺中空纤维膜断面的 SEM 图

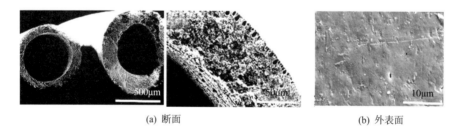

(a) 断面　　　　　　　　　　　　　　(b) 外表面

图 8-4  通过两步法制备的聚酰亚胺中空纤维膜断面的 SEM 图

### 8.4.2　溶剂种类

不同种类的溶剂与聚合物间的溶剂化作用不同，其强弱可用溶解度参数 $\Delta\delta$ 来表征，$\Delta\delta$ 的值越小，溶剂对聚合物的溶解能力越强，$\Delta\delta_{PAA-NMP}$ 小于 $\Delta\delta_{PAA-DMAc}$，说明 PAA 在 NMP 的溶解能力强于 DMAc。分别采用 NMP 和 DMAc 为溶剂，在相同的纺丝工艺下所制备的中空纤维膜，断面形态差别较大（图 8-5）：以 NMP 为溶剂时，制备的纤维膜断面呈海绵状结构，局部有大腔孔；以 DMAc 为溶剂时，制备的纤维膜断面呈指针状结构，比较疏松。

对 PAA 而言，NMP 为良溶剂，溶剂化能力强，易于形成致密的皮层，符合制备气体分离膜的要求。

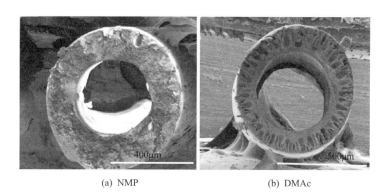

(a) NMP　　　　　　　　　　　　(b) DMAc

图 8-5　溶剂种类对中空纤维膜结构的影响

### 8.4.3　外凝固浴

液—固相转化制膜法过程中，凝固浴的组成（即溶剂含量）可调控双扩散速率，形成不同微结构的中空纤维膜。外凝固浴组成对膜结构的影响主要体现在中空膜断面及外表面上。以 6FDA—HFBAPP 型 PI 中空纤维为例（图 8-6），当外凝固浴中 NMP 含量较低时，非溶剂水在膜内外浓度梯度较大，双扩散剧烈，纺丝液的贫相迅速汇聚融合，形成大腔孔和指针状孔。随着 NMP 含量的提高，双扩散趋于平缓，使相分离速度减慢，指针状的孔结构减少。当外凝固浴中 NMP 含量过高时，纺丝液分相而无法使其凝固成形，从而形成具有分散的聚合物贫相富相结构的海绵状孔结构。同时，随着外凝固浴中 NMP 含量的增加，膜的外表面逐渐转变为疏松结构，当外凝固浴中 $H_2O$/NMP 体积比为 40/60 时，膜的表面局部出现缺陷孔结构，其孔径为 $0.1 \sim 1.5\ \mu m$。

随着外凝固浴中 NMP 含量的提高，所得膜的渗透速率增加，这主要与膜的外表面的致密程度有关，即高浓度 NMP 使相分离趋于平缓，制备的膜外表面较为疏松。与纯水作为外凝固浴相比，采用 $H_2O$/NMP 体积比为 40/60 为外凝固浴所得的中空纤维膜，对 $CH_4$ 的渗透速率约增加了 100 倍。当 NMP 含量较高时，如表 8-1 中膜 D 所示，分离因数为 0.66，接近努森扩散值 0.6，说明此时的分离机理为 "Knudsen" 扩散，分离系数只与测试气体的摩尔质量有关，与摩尔质量的平方根成反比；随着 NMP 含量减少，中空膜

149

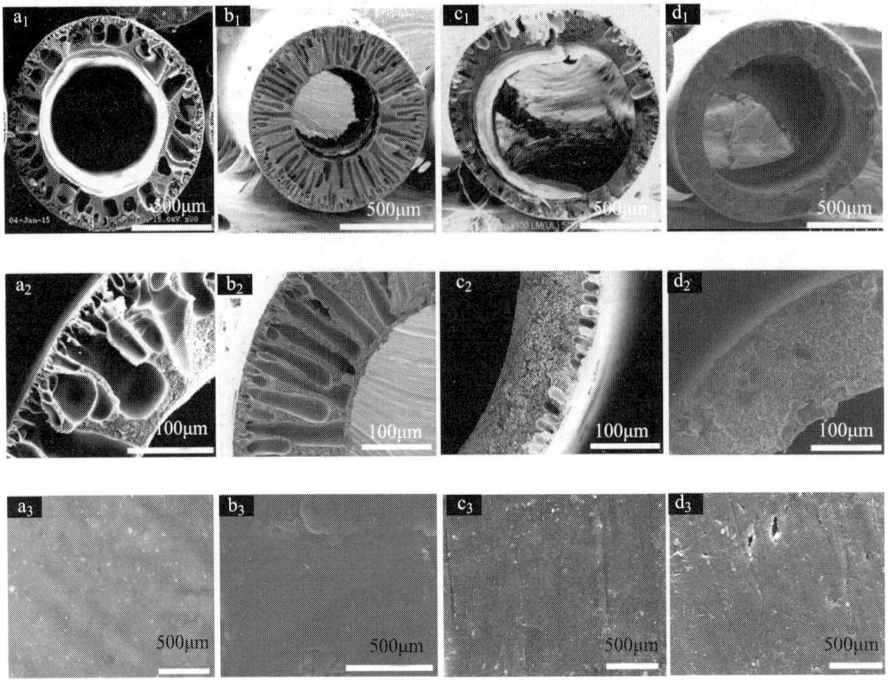

(a) 100/0      (b) 80/20      (c) 60/40      (d) 40/60

图 8-6 不同外凝固浴组成 $H_2O/NMP$ 体积比的中空纤维膜的 SEM 图
（1、2 为断面，3 为外表面）

外表面变得致密，分离系数逐渐增加，表明此时扩散机理由"Knudsen"扩散向溶解扩散转变，因 $CO_2$ 极性较强且沸点高，故其在聚合物致密膜中的溶解度系数比 $CH_4$ 高；当 NMP 含量进一步减小为 0 时，分离系数虽然有所提高，但并未达到聚酰亚胺的本征分离系数，纺丝液的浓度、空气层段溶剂的挥发及纺丝温度等变量使得聚酰亚胺中空纤维膜的制备过程及结构调控尤为复杂[19]。

表 8-1 外凝固浴组成对中空纤维膜渗透性能的影响

| 膜序号 | 外凝固（$V_{H_2O}/V_{NMP}$） | $J_{CO_2}$（GPU） | $J_{CH_4}$（GPU） | $\alpha_{CO_2/CH_4}$ |
| --- | --- | --- | --- | --- |
| A | 100/0 | 89 | 75 | 1.2 |
| B | 80/20 | 241 | 274 | 0.88 |
| C | 60/40 | 1210 | 1531 | 0.79 |
| D | 40/60 | 5130 | 7772 | 0.66 |

### 8.4.4 内凝固浴

内凝固对膜结构的影响主要体现在中空膜断面及内表面上。例如，6FDA/6FDAM 型 PI 中空纤维，当以体积比为 20/80 的丙酮 / 水混合液作为内凝固浴时，由于凝固速度过快，产生较大的孔洞，导致中空纤维的分离性能下降；当以体积比为 80/20 的丙酮 / 水混合液或 50/50 的 DMAc/ 甲醇混合液时，凝固速度较慢，纤维膜的密实层较厚，从而导致渗透性较低。对于 6FDA—HFBAPP 型 PI 中空纤维（纺丝溶液固含量为 15%），随着内凝固浴中 NMP 含量的提高，膜断面指针状的孔结构逐渐减少，出现部分海绵状的孔结构，同时内表面逐渐出现 10 ~ 20 μm 的大孔，如图 8-7 所示。当凝固浴为纯水时，凝固能力较强，此时表面迅速形成致密层。支撑层结构主要由内凝固调控，随着内凝固浴中 NMP 含量的增加，内凝固能力减弱，相转化方式从瞬

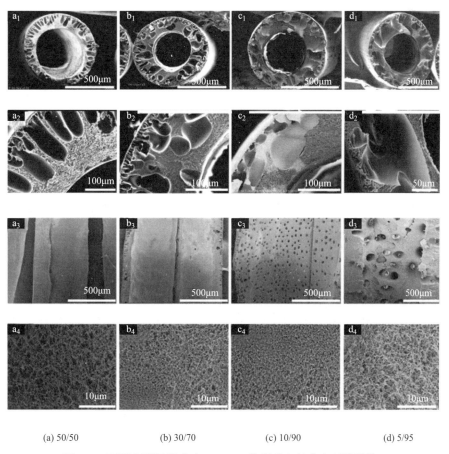

(a) 50/50    (b) 30/70    (c) 10/90    (d) 5/95

图 8-7 不同内凝固组成（$H_2O$/NMP 体积比）的中空纤维膜的
SEM 图（1、2 为断面，3、4 为内表面）

151

时相分离向延时相分离过渡，凝固时间增加，在界面处聚合物浓度降低形成多孔结构。当 NMP 含量进一步提高至 $H_2O$/NMP 体积比为 5/95，此时内凝固能力太弱，在外凝固的作用下形成的大腔孔几乎穿透中空膜内外侧，且不利于纤维的成型。对于 Matrimid® 中空纤维（纺丝溶液固含量为 26%），增加内凝固浴中 NMP 的含量会逐渐增加纤维的外壁致密层的厚度，降低内壁致密层的厚度，乃至使之消失，当 $H_2O$/NMP 的体积比为 20/80，形成海绵状孔隙结构。

内凝固组成对中空纤维的力学性能也有显著的影响，这与支撑层结构的改变相吻合。对于 6FDA—HFBAPP 型 PI 中空纤维，当 $H_2O$/NMP 体积比为 10/90 时，中空纤维膜的断裂强度和杨氏模量均最大，此时所形成的海绵状孔状膜结构更加致密。当内凝固浴浓度过低时，指针状孔结构使纤维膜更加疏松，强度较低；内凝固浴浓度太高则不利于纤维的成型，易形成贯穿的大腔孔且内表面形成大孔，强度也会降低。

### 8.4.5　空气层高度

在干—湿法工艺制备中空纤维时，喷丝头到凝固浴之间的距离称为空气层高度。空气层对中空纤维的形态影响主要有三方面，即纤维外部产生相的部分稳定、异化分离阶段及诱导取向阶段。前两个阶段可以降低纤维对气体/液体的选择性，而第三个作用导致了取向纤维形态，加强纤维的分离性能。空气层越高，低沸点溶剂的挥发时间就越长，中空纤维膜外皮层就越致密，因此，调节空气层高度可以改善 PI 中空纤维的分离性能和渗透性能。

以 6FDA—HFBAPP 型 PI 中空纤维为例，空气层高度的增加会导致膜断面结构发生一定的变化，这主要是因为空气层的高度影响致密层的厚度，而致密层的厚度又会制约外层凝固浴与纺丝液间的双扩散速度。如图 8-8 所示，当空气层高度由 3 cm 逐渐增加到 7 cm，中空纤维外皮层的厚度也逐渐由 275 nm 增加到 687 nm。同时，在一定范围内随着空气层高度增加，中空纤维的致密层厚度增加，同时致密层缺陷减少，说明随着空气层高度的增加，气体通过膜的机理由"Knudsen"扩散向溶解扩散转变。对于 6FDA—HFBAPP 型 PI 中空纤维，当空气层高度由 3 cm 逐渐增加到 7 cm，膜对 $CO_2$ 的渗透速率从 316 GPU 减小到 51 GPU，$CH_4$ 的渗透速率从 378 GPU 减小到 41 GPU，膜的分离系数随着空气层高度的增加而增大，当达到一定的临界条件时，基本保持不变。

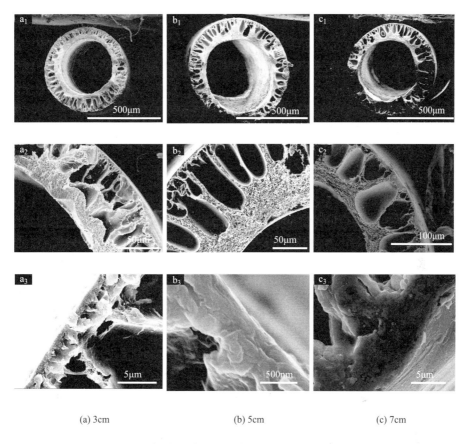

(a) 3cm　　　　　　　(b) 5cm　　　　　　　(c) 7cm

图 8-8　不同空气层高度所制备的中空纤维的 SEM 断面图

## 8.5　聚酰亚胺中空纤维膜的改性

### 8.5.1　交联

抗塑化能力是聚酰亚胺膜能否长期保持分离性能的关键。气体分离膜的塑化是指气体分子在聚合物膜内吸附"溶解"，在一定的温度和压力下，这些气体分子会破坏大分子链的堆砌，使聚合物膜发生"溶胀"，这一塑化现象会使膜的分离系数大大降低。交联等改性手段可降低分子链因气体分子的"挤压"而产生的滑移，是提高抗塑化能力并长期保持分离性能的有效方法。Cao 等[20]将 6FDA/2,6- 二氨基甲苯结构的中空纤维膜浸渍在间苯二甲胺或对苯二甲胺与甲醇的混合溶液中进行化学交联。随着浸渍时间的延长，各种气体的渗透性逐渐减小，而选择性只是在一个较窄的区间中波动。当浸渍时间达到 3 min 以上时，该膜的塑化压力从 138 kPa 提升到了 1380 kPa 以上。Ren 等[21]用相似的方法将浸渍在间苯二甲胺或对苯二甲胺与甲醇的混合溶液中进行化学交联。在没有化学交联之前，6FDA—ODA/NDA 结构的中空纤维膜在 517.5 kPa 下便会出现塑化现象，但在浸渍 1.5 min 以上时，即使压力达到 3795 kPa，膜依然没有表现出塑化现象，证明了化学交联带来的优异的抗塑化性能。但是如果浸渍时间大于 5 min，膜的渗透性和选择性会有所下降。随着浸渍时间的延长，中空纤维膜外表的选择层会逐渐变厚，而内部支撑层则会慢慢变薄。Wallace 等[22]将 6FDA、DAM（2,4,6- 三甲基间苯二胺）和 DABA（3,5- 二氨基苯甲酸）以 5：3：2 的比例共聚，利用 DABA 组分在高温下与 1,3- 丙二醇发生的酯交联反应制备了化学交联型聚酰亚胺。

在酯交联反应中，单酯化过程中产生的少量水会使亚胺环发生水解降解，从而影响聚酰亚胺的分子量。Ma 等[23]通过调节工艺参数发现了可行的合成条件，得到高转化率的 6FDA—DAM/DABA 交联聚酰亚胺，用高速纺丝的方法制备出了聚酰亚胺中空纤维膜。之后，通过改进工艺，制备出的聚酰亚胺膜具有良好的 $CO_2$ 和 $CH_4$ 的气体分离性能 $[(P(CO_2)=161$ barrer]，选择性为 49。由该结构制备的中空纤维膜具有优异的抗塑化性能，当压力达到了 2760 kPa 以上时，该膜依然保持着稳定的气体分离性能。Babu 等[24]在 6FDA—DAM—DABA 结构的中空纤维膜表面涂上了一层聚二甲硅氧烷（PDMS）并测试了 $H_2S/CH_4$ 的气体渗透性能。结果发现这一层 PDMS 使得 $CO_2/CH_4$ 和 $H_2S/CH_4$ 的选择性分别达到了 55 和 29，抗塑化性能也得到了提升，在压力达到 3450 kPa 时 $CO_2/CH_4$ 和 $H_2S/CH_4$ 的选择性依然能达到 47 和 22。

### 8.5.2 共混

聚合物共混是制备在某些性能上有所改进的或具有独特性能聚合物材料的一种简单且有效的方法。利用不同聚合物与聚酰亚胺进行共混，进而纺制成中空纤维，将会实现不同材料之间的协同效应，制备具有较高透过性和选择性的复合中空纤维。Teoh 等[25]制备了 Torlon/P84 混合纤维，借助对二甲苯的化学交联改性，显示出对异丙醇（IPA）/$H_2O$ 较强的分离性能。对于质量比为 85/15 的 IPA/$H_2O$ 进料溶液，获得的最高分离系数为 185 ± 8，且获得的总渗透通量为（1000 ± 45）g/（$m^2 \cdot h$）。Li 等[26]通过在 235℃和两步涂层的热处理下，调节纺丝过程中外层流速与内层流速的比值，成功制备了双层 PES/P84 中空纤维膜，其 PES—沸石 $\beta$ 混合基质致密选择层为 0.55 $\mu$m。与纯 PES 致密薄膜相比，该双层中空纤维膜对 $O_2/N_2$ 和 $CO_2/CH_4$ 的选择性增强约为 10% ～ 20%。

利用聚合物共混技术和双层中空纤维纺丝工艺可制备 PBI 和 Matrimid 的复合中空纤维，其中 PBI 和 Matrimid 所形成的互穿网络结构赋予其高性能气体分离性，可获得选择性高达 11.11（$P_{H_2}$=29.26GPU）的 $H_2/CO_2$ 选择性膜[27]。化学改性对于进一步提高膜的 $H_2/CO_2$ 分离性能有一定效果，该复合中空纤维膜对 $CO_2$ 诱导的塑化具有非常好的抗性，并且对于各种气体分离应用（包括氢气净化和天然气分离）具有可行的潜力。Youg 等[28]制造出具有协同分离性能的 PIM-1/Matrimid 复合中空纤维膜，在 PIM-1 为 5% ～ 15% 时，中空纤维不仅具有比 PIM-1 高得多的气体选择性，而且具有比纯 Matrimid 纤维高得多的渗透性。与 Matrimid 相比，含有 5% 和 10% PIM-1 的初纺纤维的 $CO_2$ 渗透率分别增加 78% 和 146%，且不影响 $CO_2/CH_4$ 选择性。

### 8.5.3　有机 / 无机杂化

微结构调控是平衡高渗透性和高选择性的另一种方法，即将无机纳米粒子加入到膜材料中（称为混合基质膜），通过调控膜内部的孔隙等微观结构，增加气体分子的选择性和扩散通道。碳纳米管和石墨烯等纳米材料能有效提升膜的性能，如将氨基化的碳纳米管（CNT—$NH_2$）加入到 P84 中所制备的复合中空纤维膜因 P84 酰亚胺基团与 CNT—$NH_2$ 胺基之间发生酰胺化反应，明显提高了产物的力学性能和热稳定性，该膜对丙酮、甲醇、乙酸乙酯和乙醇均表现出较高的气体渗透性[29]。另外，通过同轴双毛细管纺丝方法直接纺丝氧化石墨烯（GO）/PI 悬浮液制备 GO/PI 中空纤维膜，其对不同浓度的海水淡化具有优异的透水性、脱盐性及高稳定性[30]。

金属有机框架（MOF）具有多孔结构，与聚合物有很好的亲和力，是另一种提供膜分离性能的添加材料。如将沸石状咪唑酯骨架 ZIF-8 和 ZIF-93 加入到 P84 中制备复合中空纤维，两种组分之间具有很好的相容性，对气体选择性传输协同贡献，使得该中空纤维膜在保持高气体渗透性的同时，增加了气体分离选择性[31]。Hu 等[32]将具有高表面积（1396 $m^2/g$）的 MOF 晶体与 PI 混合制备复合中空纤维膜，$H_2$ 渗透性和 $H_2$ 相对于其他气体如 $N_2$、$CO_2$、$O_2$ 和 $CH_4$ 的选择性均显著增加。MOF 负载量为 6% 时，$H_2$ 的渗透性增加 45%，选择性增加 2 ～ 3 倍。

### 8.5.4　碳化膜

聚酰亚胺可作为碳材料的前驱体，通过高温碳化等方式可以将聚酰亚胺中空纤维膜转化为具有高比表面积的碳膜，在分离、催化、能源等领域具有非常重要的应用前景。比如，以 6FDA—DETDA/DABA 聚酰亚胺中空纤维膜为前驱体，通过热分解制备非对称聚酰亚胺基碳分子筛（CMS）中空纤维膜。其 $CO_2$ 渗透率大于 1000 GPU，$CO_2/CH_4$ 选择性大于 25，并且表现出老化特点：随着老化程度的增加，渗透率降低、选择性提高[33]。Yoshino 等[34]在氮气氛围下，于 500 ~ 700℃ 处理 6FDA/BPDA—DDBT 共聚聚酰亚胺中空纤维得到碳化膜。该碳化膜具有不对称结构，厚度约为 200 nm，与前驱体相比，具有更密集的支撑层。通过碳化，丙烯的透过率增加了 10 倍。在碳化过程中适当保温，可以提高烯烃 / 烷烃的选择性。此外，碳化膜 6FDA/BPDA—DDBT 结构相比于 BPDA—DDBT/DABA 结构，有较低的渗透率及高的 $C_3H_6/C_3H_8$ 选择性，主要是致密性的差异所致。

不同热分解环境对碳化中空纤维膜的微结构和性质有一定的影响，包括微孔率、孔的总体积、BET 比表面积、对称性等，孔的尺寸主要由热分解温度决定，而不是分解氛围。氧化性的分解氛围会导致更易热分解，从而使孔体积增大，具有更高的渗透率、优异的筛分特性。比如，有些中空纤维膜经碳化后，$H_2$ 渗透率从 20 GPU 提高至 52 GPU，最高 $H_2/CH_4$ 渗透选择性系数为 137。以 Matrimid® 中空纤维膜为基体，通过热分解制备碳分子筛 CMS 中空纤维膜[35]，前驱体的薄膜和中空纤维膜的 $C_2H_4/C_2H_6$ 渗透选择系数均高达 12，但是前驱体纤维和热处理后的 CMS 纤维有着较大的差异，从 SEM 上看主要是前驱体中孔的坍塌导致的，分子链的柔性是根本原因。进一步研究表明，前驱体上的缺陷不会导致 CMS 上的缺陷，一些有缺陷的前驱体仍可以转化为高性能 CMS 膜。Kusuki 等报道[36]在氮气中于 600 ~ 1000℃下处理非对称聚酰亚胺中空纤维膜 3.6 min，连续制备碳中空纤维膜，所获得的碳膜是一个非对称结构，其中致密层厚度为 50 nm，在 700℃以上，碳膜 $H_2$ 渗透率为 $10^{-4}$ ~ $10^{-3}$ cm³（STP），$H_2$ 和 $CH_4$（5：5）在 80℃下 $H_2$ 渗透选择系数为 100 ~ 630。另一项研究显示[37]，在氮气中，500 ~ 700℃下热分解非对称聚酰亚胺中空纤维膜得到的碳中空纤维膜表现出良好的稳定性能及优异的丙烯 / 丙烷、1,3- 丁二烯 / 正丁烷分离性能。$C_3H_6$ 和 $C_4H_6$ 气体渗透率分别为 50 GPU 和 80 GPU；100 ℃下，$C_3H_6/C_3H_8$ 及 $C_4H_6/C_4H_{10}$ 的渗透选择系数分别为 13 和 50。

## 8.6　聚酰亚胺中空纤维的应用

聚酰亚胺中空纤维膜在气体分离、脱水分离及有机物分离方面具有重要的应用前景。

能源与环境一直是全球普遍关注的焦点。在当今世界能源匮乏、环境污染严重的情况下，高分子气体分离膜因具有能从混合气体中分离某一气体，且兼具效率高、能源低、无污染、使用简单等特点而备受关注，在过去几十年中得到了快速发展，如石油天然气冶炼厂的气体分离、开采的生物沼气中甲烷的分离、医院呼吸科氧气供应等各个部门都广泛应用了气体分离膜。温室效应导致全球气候变暖，给生态环境和社会发展带来了严重的影响，其中，$CO_2$ 对温室效应的影响最大，因此，亟须对大气中低浓度 $CO_2$ 进行分离和回收。开采的生物沼气中除了含有甲烷外，还含有高浓度 $CO_2$ 和其他酸性气体（$H_2S$），这些气体的存在会降低天然气的燃烧热值，并且长期使用还存在腐蚀设备和气体运输管道的安全隐患。因此，聚酰亚胺中空纤维膜的一个重要应用领域是 $CO_2/CH_4$ 的分离，如用于高压开采天然气过程中 $CO_2$ 的回收，生物沼气中 $CO_2$ 的去除。与 $CH_4$ 相比，$CO_2$ 沸点高、极性大，使其具有较大的溶解度系数，所以易于进行膜分离，近年来提纯氢气（$CO_2/H_2$ 分离）及捕集工业废气中 $CO_2$（$CO_2/N_2$ 分离）的分离膜也备受关注。另外，采用干喷—湿纺技术制备的化学交联不对称 P84 聚酰亚胺中空纤维膜对 $H_2/CO_2$ 具有高效分离作用，当与 10% 的 DAMP 水溶液进行化学交联后，在 25℃、给水压力为 100kPa 条件下，纤维膜对 $H_2/CO_2$ 的分离系数从 5.3 升至 16.1，而 $H_2$ 透过率从 $7.06 \times 10^{-8} m^3(STP)/(m^2 \cdot h \cdot Pa)$ 减至 $1.01 \times 10^{-8} m^3(STP)/(m^2 \cdot h \cdot Pa)$ [38]。Niwa 等人[39]采用干/湿相转换方法制备了一种新型聚酰亚胺中空纤维氧合器，提高 $O_2$ 和 $CO_2$ 的气体转换率，且在体外和体内具有良好的血液相容性。

聚酰亚胺中空纤维膜对水气的分离脱除效果非常明显，如 Matrimid 聚酰亚胺不对称中空纤维可用于异丙醇的渗透汽化脱水，采用 1,3- 丙烷二胺在高温和/或化学交联条件下进行热退火处理，所得的中空纤维膜对异丙醇的通量和分离因子分别上升至 1.8 kg/（$m^2 \cdot h$）和 132。Wang 等人[40]采用干喷—湿纺相转化技术制备的 PBI/P84 聚酰亚胺双层中空纤维膜，通过渗透蒸发的方式可脱去四氟丙醇中的水分，60℃条件下其渗透通量为 332 g/（$m^2 \cdot h$）。

聚酰亚胺中空纤维膜对部分有机物的分离也有一定的效果。Chenar 等人[41]研究了商用聚（2,6- 二甲基 -1,4- 苯基氧化物）（PPO）和聚酰亚胺复合中空纤维膜从甲烷中去除硫化氢的性能，发现当甲烷中硫化氢浓度范围为

101 ~ 401 mg/kg 时，硫化氢的存在使甲烷渗透率降低，而 PPO 膜性能不受影响，PI 和 PPO 复合膜对硫化氢 / 甲烷的分离系数分别为 6 和 4。Kung 等人[42]将市售聚苯并咪唑和聚酰亚胺混合，通过干喷—湿纺相转化技术制备不对称中空纤维膜，用于甲苯 / 标准异辛烷的分离，发现当压力为 1 kPa，甲苯 / 标准异辛烷质量分数比为 50 : 50 时，分离系数达 200，通量为 1.35 kg/（m² · h）。此外，聚酰亚胺 / 磺化聚醚砜中空纤维膜对甲醇 / 甲基叔丁基醚的分离具有明显的效果[43]。

此外，聚酰亚胺中空纤维膜进行改性后对如 $Pb^{2+}$、$Cu^{2+}$、$Ni^{2+}$、$Cd^{2+}$、$Zn^{2+}$、$Cr_2O_7^{2-}$ 等重金属离子以及 NaCl 等也具有很好的排斥效果，从而起到分离作用[44]。

# 参考文献

[1] 郜超，朱若华，邹洪，等. 分离科学的前沿—膜分离技术[J]. 化学教育，2000,（12）：3-5.
[2] 富海涛. PPESK 中空纤维气体分离膜的研究[D]. 大连：大连理工大学，2007.
[3] YIN C, DONG J, ZHANG Q. Strain-induced crystallization of polyimide fibers containing 2-（4-aminophenyl）-5-aminobenzimidazole moiety[J]. Polymer, 2015, 75: 178–186.
[4] 李悦生，丁孟贤. 徐纪平. 聚酰亚胺气体分离膜的进展[J]. 高分子通报，1991，3:138–146.
[5] 张杰，高彦静，郭倩玲，等. 聚酰亚胺中空纤维国际专利情报实证分析[J]. 情报科学，2017，35（11）：108–113.
[6] LOEB S, SOURIRAJAN S. Sea water demineralization by means of an osmotic membrane in saline water conversion[J]. Advances in Chemical Series, 1963, 38:117–132.
[7] XU L, ZHANG C, RUNG T M. Formation of defect-free 6FDA-DAM asymmetric hollow fibermembranes for gas separations[J]. Journal of Membrane Science, 2014, 459:223–232.
[8] CARTA M, CROAD M, MALPASS-EVANS R, et al. Triptycene induced enhancement of membrane gas selectivity for microporous Tröger's base polymers[J]. Advanced Materials, 2014, 26: 3526–3531.
[9] 邱晓智，曹义鸣，王丽娜，等. 含有聚醚链段的可溶性聚酰亚胺气体分离膜材料及其性能[J]. 高等学校化学学报，2009，30（1）：196–202.
[10] CALLE M, GARCÍA C, LOZANO AE. Local chain mobility dependence on molecular structure in polyimides with bulky side groups: Correlation with gas separation properties[J]. Journal of Membrane Science, 2013, 434:121–129.

［11］CALLE M，GARCÍA C，LOZANO AE. Local chain mobility dependence on molecular structure in polyimides with bulky side groups：Correlation with gas separation properties［J］. Journal of Membrane Science，2013，434：121–129.

［12］李悦生，丁孟贤，徐纪平. 聚酰亚胺气体分离膜材料的结构与性能［J］. 高分子通报，1998，（3）：1–8.

［13］MA X，SWAIDAN R，BELMABKHOUT Y. Synthesis and gas transport properties of hydroxylfunctionalized polyimides with intrinsic microporosity［J］. Macromolecules，2012，45：3841–3849.

［14］SMITH Z P，FREEMAN B D. Graphene Oxide：A new platform for high–performance gas– and liquid– separation membranes［J］. Angewandte Chemie International Edition，2014，53：10286‒10288.

［15］LIU G，LI N，MILLER S J，et al. Molecularly designed stabilized asymmetric hollow fiber membranes for aggressive natural gas separation［J］. Angewandte Chemie International Edition，2016，55：13754–13758.

［16］BARSEMA J N，KAPANTAIDAKIS G C，VEGT N F A，et al. Preparation and characterization of highly selective dense and hollow fiber asymmetric membranes based on BTDA–TDI/MDI co–polyimide［J］. Journal of Membrane Science，2003，216：195–205.

［17］YOSHINO M，NAKAMURA S，KITA H，et al. Olefin/paraffin separation performance of asymmetric hollow fiber membrane of 6FDA/BPDA‒DDBT copolyimide［J］. Journal of Membrane Science，2013，212：13–27.

［18］KOSURI M R，KOROS W J. Defect–free asymmetric hollow fiber membranes from Torlon®，a polyamide‒imide polymer，for high–pressure $CO_2$ separations［J］. Journal of Membrane Science，2008，320：65–72.

［19］庄震万，卫伟，时钧. 气体在玻璃态高分子膜中的溶解—扩散行为［J］. 中国科学（B 辑），1993（9）：905–551.

［20］CAN C，CHUNG T S，LIU Y，et al. Chemical cross–linking modification of 6FDA–2,6–DAT hollow fiber membranes for natural gas separation［J］. Journal of Membrane Science，2003，216：257–268.

［21］REN J，WANG R，CHUANG T S，et al. The effects of chemical modifications on morphology and performance of 6FDA–ODA/NDA hollow fiber membranes for $CO_2/CH_4$ separation［J］. Journal of Membrane Science，2003，222：133–147.

［22］WALLACE D W，WILLIAMS J，STAUDT–BICKEL C，et al. Characterization of crosslinked hollow fiber membranes［J］. Polymer，2006，47：1207–1216.

［23］MA C，ZHANG C，LABRECHE Y，et al. Thin–skinned intrinsically defect–free asymmetric mono–esterified hollow fiber precursors for crosslinkable polyimide gas separation membranes［J］. Journal of Membrane Science，2015，493：252–262.

［24］BABU V P，KRAFTSCHIK B E，KOROS W J. Crosslinkable TEGMC asymmetric hollow fiber membranes for aggressive sour gas separations［J］. Journal of Membrane Science，2018，558：94–105.

［25］TEOH M M，CHUNG T S，WANG K Y，et al. Exploring Torlon/P84 co–polyamide–

imide blended hollow fibers and their chemical cross-linking modifications for pervaporation dehydration of isopropanol [ J ]. Separation and Purification Technology, 2008, 61: 404–413.

[ 26 ] LI Y, CHUNG T S, HUANG Z N, et al. Dual-layer polyethersulfone/BTDA–TDI/MDI co-polyimide ( P84 )[ J ]. Journal of Membrane Science, 2006, 277: 28–37.

[ 27 ] HOSSEINI S S, PENG N, CHUNG TS. Gas separation membranes developed through integration of polymer blending and dual-layer hollow fiber spinning process for hydrogen and natural gas [ J ]. Journal of Membrane Science, 210, 349: 156–166.

[ 28 ] YOUG W F, LI F Y, XIAO Y C, et al. High performance PIM–1/Matrimid hollow fiber membranes for $CO_2/CH_4$, $O_2/N_2$ and $CO_2/N_2$ separation [ J ]. Journal of Membrane Science, 2013, 443: 156–169.

[ 29 ] HOSSEIN M, FARAHANI D A, CHUNG TS. Solvent resistant hollow fiber membranes comprising P84 polyimide and amine-functionalized carbon nanotubes with potential applications in pharmaceutical, food, and petrochemical industries [ J ]. Chemical Engineering Journal, 2018, 345: 174–185.

[ 30 ] HUANG A, FENG B. Synthesis of novel graphene oxide-polyimide hollow fiber membranes for seawater desalination [ J ]. Journal of Membrane Science, 2018, 548: 59–65.

[ 31 ] CACHO–BAILO F, CARO G, ETXEBERRIA–BENAVIDES M, et al. MOF﹣polymer enhanced compatibility : postannealed zeolite imidazolate framework membranes inside polyimide hollow fibers [ J ]. RSC Advances, 2016, 6: 5881–5889.

[ 32 ] HU J, CAI H, REN H, et al. Mixed-matrix membrane hollow fibers of $Cu_3$ ( BTC )$_2$ MOF and polyimide for gas separation and adsorption [ J ]. Industrial & Engineering Chemistry Research, 2010, 49: 12605–12612.

[ 33 ] KAMATH M G, FU S, ITTA A K, et al. 6FDA–DETDA : DABE Polyimide–derived carbon molecular sieve hollow fiber membranes : circumventing unusual aging phenomena [ J ]. Journal of Membrane Science, 2018, 546: 197–205.

[ 34 ] YOSHINO M, NAKAMURA S, KITA H, et al. Olefin/paraffin separation performance of carbonized membranes derived from an asymmetric hollow fiber membrane of 6FDA/ BPDA﹣DDBT copolyimide [ J ]. Journal of Membrane Science, 2003, 215: 169–183.

[ 35 ] XU L, RUNGTA M, KOROS W J. Matrimid® derived carbon molecular sieve hollow fiber membranes for ethylene/ethane separation [ J ]. Journal of Membrane Science, 2011, 380 ( 1 ): 138–147.

[ 36 ] KUSUKI Y, SHIMAZAKI H, TANIHARA N, et al. Gas permeation properties and characterization of asymmetric carbon membranes prepared by pyrolyzing asymmetric polyimide hollow fiber membrane [ J ]. Journal of Membrane Science, 1997, 134 ( 2 ): 245–253.

[ 37 ] OKAMOTO K, KAWAMURA S, MAKOTO YOSHINO A, et al. Olefin/paraffin separation through carbonized membranes derived from an asymmetric polyimide hollow fiber membrane [ J ]. Industrial & Engineering Chemistry Research, 1999, 38 ( 11 ):

4424-4432.

[38] CHOI S, JANSEN J, TASSELLI F, et al. In-line formation of chemically cross-linked P84 co-polyimide hollow fibre membranes for $H_2/CO_2$ separation [J]. Separation and Purification Technology, 2010, 76: 132-139.

[39] NIWA M, KAWAKAMI H, NAGAOKA S, et al. Development of a novel polyimide hollow-fiber oxygenator [J]. Artificial Organs, 2014, 28 (5): 488-495.

[40] WANG K, CHUNG T, TAJAGOPALAN. Dehydration of tetrafluoropropanol by pervaporation via novel PBI/BTDA-TDI/MDI co-polyimide (P84) dual-layer hollow fiber membranes [J]. Journal of Membrane Science, 2007, 287: 60-66.

[41] CHENAR M, SOVOJI H, SOLTANIEH M, et al. Removal of hydrogen sulfide from methane using commercial polyphenylene oxide and Cardo-type polyimide hollow fiber membranes [J]. Korean Journal of Chemical Engineering, 2011, 28 (3): 902-913.

[42] KUNG G, JIANG L, WANG Y, et al. Asymmetric hollow fibers by polyimide and polybenzimidazole blends for toluene/iso-octane separation [J]. Journal of Membrane Science, 2010, 360: 303-314.

[43] SHI B, WU Y, LIU J. Vapor permeation separation of MeOH/MTBE through polyimide/ sulfonated poly (ether-sulfone) hollow-fiber membranes [J]. Desalination, 2004, 161: 59-66.

[44] GAO J, SUN S P, ZHU W P, et al. Chelating polymer modified P84 nanofiltration (NF) hollow fiber membranes for high efficient heavy met al removal [J]. Water Research, 2014, 63: 252-261.

# 第9章 聚酰亚胺／纳米材料杂化纤维

## 9.1 纳米杂化材料概述

现代科学技术的飞速发展对材料的种类和性能提出了更高的要求，各种杂化材料应运而生，如有机／无机、有机／生物杂化材料等。杂化材料是一种均匀的多相材料，其中至少有一相的尺寸至少有一个维度在纳米数量级，纳米相与其他相间通过化学作用（共价键、螯合键）与物理作用（氢键等）在纳米水平上复合，即相分离尺寸不得超过纳米数量级。早在20世纪70年代已出现了聚合物/SiO₂杂化材料，当时人们还未认识到其特殊性能与实际应用意义，近些年已成为高分子化学和物理、物理化学和材料科学等多门学科交叉的前沿领域，受到各国科学家的重视。

按照制备杂化材料时无机结构的引入方式，将杂化材料的制备方法分为三大类，即溶胶—凝胶法、插层法、共混法。溶胶—凝胶法（sol-gel）是制备有机—无机杂化材料常用的较为成熟的方法，该方法制备杂化材料的原理是以烷氧基金属或金属醇盐等前驱体在一定条件下水解缩合成溶胶，然后用溶剂挥发或加热等处理，使溶液或溶胶转化为空间网状结构的无机氧化物凝胶的过程。将与无机物具有共同溶剂的有机物或有机单体加入到无机溶胶中，通过缩合凝胶化形成有机—无机杂化材料。这种方法可在低温下制备纯度高、粒径分布均匀、化学活性高的杂化材料，并可制备传统方法不能或难以制备的产物。

插层法是利用层状无机物（如黏土、云母、V₂O₅、MₙO₂等层状金属盐类）作为无机相，将聚合物作为另一相插入无机相的层间，制得高聚物／无机物层型杂化材料的方法。层状无机物是一维方向上的纳米材料，粒子不易团聚，又易分散，其层间距离及每层厚度处于纳米尺度范围内。制备聚酰亚胺杂化材料方面，插层法多用于制备聚酰亚胺—黏土杂化材料[1]，对于聚酰亚胺纤维则鲜有报道。

共混法类似于聚合物的共混改性，是聚合物与无机纳米粒子的共混，该法是制备杂化材料的简单易行的方法，适合于各种形态的纳米粒子，如碳纳米管（CNT）、氧化石墨烯（GO）、$SiO_2$、$TiO_2$ 等微米 / 纳米颗粒，通过物理搅拌或者超声等辅助分散于聚酰亚胺或者其前驱体中制备出聚酰亚胺—杂化材料。无机微粒特别是纳米颗粒属不稳定体系，在分散过程中的流体力学和表面物理化学作用可使团聚体重新分散并处于次稳定状态[2]。但是无机相的填充量不能太高，否则会发生二次团聚，对纳米粒子进行表面改性是为防止无机纳米粒子团聚的常用做法。

作为一类新型复合材料，纳米杂化材料的分散相尺寸处于原子簇与宏观物体交接区域内，材料的物理和化学性能会有一些特殊变化，在电子、化工和航空等许多领域具有广阔的应用前景。因此，纳米材料填充改性聚酰亚胺纤维是提升该材料综合性能的有效方法，填充物包括碳纳米管、氧化石墨烯和二氧化硅等，下面稍作详细概述。

## 9.2　聚酰亚胺 / 碳纳米管杂化纤维

为了扩展聚酰亚胺纤维的应用，需要进一步改善纤维的机械性能、热性能。通常有两种方法能够增强聚酰亚胺的机械性能：一是对聚酰亚胺分子链骨架进行结构设计，引入刚性的杂环单元，如引入刚性的芳香族二胺PRM[3]、喹唑啉酮类单体［2-（4- 氨基苯基）-6- 氨基 -4（3H）喹唑啉酮，AAQ］[4]等。这些刚性结构的引入都能够显著提高聚酰亚胺纤维的拉伸强度及模量，但是由于这些特殊结构的单体难以获得且价格过于昂贵，因此难以实现大规模生产；二是在聚合物材料中加入纳米填料对于提高材料性能及扩大应用领域是一种十分有前景的方法。碳纳米管（CNTs）因其具有出色的力学性能、热稳定性能以及优异的化学稳定性能，在纳米增强材料方面引起了研究者的浓厚兴趣。

碳纳米管（CNTs）是一种主要由碳六边形、弯曲处为碳五边形或碳七边形组成的单层或多层石墨片卷曲而成的无缝纳米管状壳层结构，相邻层间距与石墨的层间距相当，约为 0.34 nm。碳纳米管的直径为零点几纳米至几十纳米，长度一般为几十纳米至微米级。根据构成管壁碳原子的层数不同，可将其分为单壁碳纳米管和多壁碳纳米管。碳纳米管因其大的长径比和独特的结构，使得其具有优良的力学性能和电学性能，是复合材料增强体领域最有前景的材料之一。

163

然而，在引入CNTs对聚合物进行增强处理时往往无法得到理想的增强效果，甚至会造成复合材料机械强度下降的现象。这主要是因为CNTs拥有巨大的表面自由能，极易发生团聚，难以在聚合物中均匀分散；其次，CNTs表面缺乏极性官能团，呈现惰性，在与基体聚合物复合过程中缺乏强有力的相互作用，导致填料与聚合物界面黏结较差。而通过对CNTs进行功能化处理，改善CNTs与基体之间的界面结合能够有效地发挥CNTs在纤维基体中的增强作用。

### 9.2.1　CNTs改善纺丝原液可纺性

由于聚酰亚胺分子链呈现刚性，通常是不溶不融的，所以制备合适的聚酰胺酸纺丝原液成为大规模生产聚酰亚胺纤维的重要问题。Yin等[4]为了改善聚酰亚胺纤维生产的可纺性，将功能化的多壁碳纳米管（f-MWNTs）引入到聚酰胺酸纺丝原液中，发现f-MWCNTs的引入对纤维成型过程中DMAc的扩散速率有明显的影响，从而能够改善聚酰亚胺湿法纺丝的可纺性。如图9-1所示，随着纺丝原液中f-MWNTs添加量的增加，DMAc的扩散速率随之增加。这可能是因为f-MWNTs能够削弱PAA与DMAc之间的相互作用，从而使纤维凝固速率提高。而PAA凝固速率太低正是大规模生产聚酰亚胺遇到的一个问题。除此之外，引入f-MWNTs不仅能够提高溶剂的扩散速率，同时也可以缩短纺丝线路，从而减少凝固浴的用量。

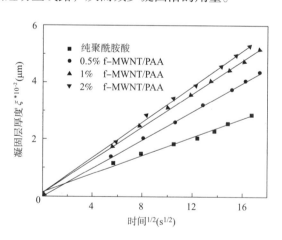

图9-1　PAA溶液中DMAc的扩散速率随f-MWNTs用量的变化

通过TEM图可以评价f-MWNTs在PAA基体中的分散性以及相互作用，如图9-2所示，纳米填料f-MWNTs可以很好地分散到聚合物基体中，同时，

图 9-2（a）和（b）显示，f-MWNTs 与 PAA 基体形成了小范围的网络结构，表明 f-MWNTs 与聚合物基体发生了良好的相互作用。这种相互作用来源于 f-MWNTs 表面的—COOH 与 PAA 结构中大量含氧官能团发生氢键作用[5]。纯 PAA 纤维表面比较粗糙，而 f-MWNTs/PAA 纤维表面相对更光滑，这可能是因为 f-MWNTs／PAA 的扩散速率比纯 PAA 体系更快，从而形成更光滑的表面。如图 9-3 所示，大多数的 f-MWNTs 嵌入到了 PAA 基体中，但仍然能够在表面发现一些结点，可以推断这是由于 f-MWNTs 团聚造成的。在高分辨率下观察发现，一些 f-MWNTs 在纤维表面取向排列，从而表明其分散相对均匀。

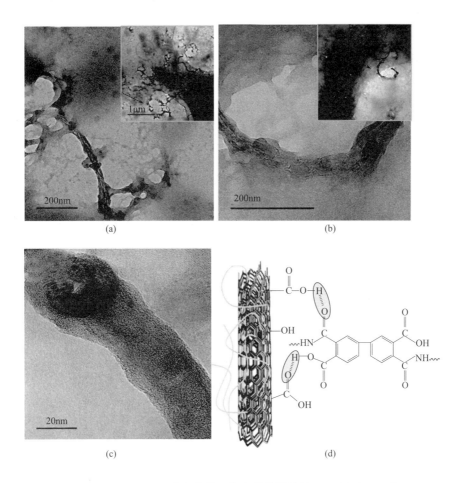

(a)

(b)

(c)

(d)

图 9-2 （a）～（c）f-MWNTs 在聚合物基体中的分散情况 TEM 图及 PAA 与 f-MWNTs 之间可能的相互作用示意图

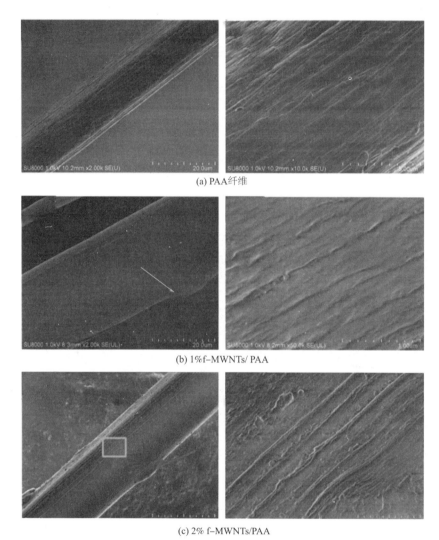

(a) PAA纤维

(b) 1%f-MWNTs/ PAA

(c) 2% f-MWNTs/PAA

图 9-3 f-MWNTs/PAA 复合纤维 SEM 图

　　复合纤维初生丝在经过环化、热牵伸后可得到 f-MWNTs/PI 纤维，表现出优异的热稳定性和尺寸稳定性。在氮气气氛下，所有纤维在 750 ℃下的残留量达到了 75% 以上。并且随着 f-MWNTs 含量的增大，复合纤维的 5% 质量损失温度和分解温度逐渐增大，热膨胀系数减小。除了热性能的提高，f-MWNTs/PI 纤维力学性能也得到了明显的增强[6]。1%f-MWNTs/PI 的复合纤维力学性能达到最高，强度和模量分别提高了 15% 和 50%，见表 9-1。

表 9-1　f-MWNT/PI 复合纤维力学性能

| f-MWNTs 含量 | 拉伸强度（GPa） | 模量（GPa） | 断裂伸长率（%） |
|---|---|---|---|
| 0 | 1.23 ± 0.10 | 32.3 ± 2.37 | 3.8 ± 0.23 |
| 0.2% | 1.38 ± 0.11 | 43.1 ± 3.84 | 3.2 ± 0.19 |
| 0.5% | 1.43 ± 0.11 | 53.0 ± 5.17 | 2.7 ± 0.16 |
| 1% | 1.52 ± 0.12 | 58.5 ± 5.27 | 2.6 ± 0.16 |
| 1.5% | 1.19 ± 0.08 | 47.9 ± 4.37 | 2.5 ± 0.14 |
| 2% | 1.12 ± 0.09 | 48.7 ± 4.77 | 2.3 ± 0.14 |

### 9.2.2　氨基化 CNTs 增强聚酰亚胺纤维

Dong 等[7] 报道了 NH$_2$—MWCNTs/ 聚酰亚胺复合纤维的制备方法，其制备过程如图 9-4 所示，首先制备聚酰胺酸 /NH$_2$—MWCNTs（氨基化处理多壁碳纳米管）纺丝原液，将不同含量的 NH$_2$—MWCNTs 分散到 NMP 中，加入等摩尔量的二酐和二胺单体，在氮气环境中，0 ~ 5 ℃反应 12 h，得到 PAA/NH$_2$—MWCNTs 纺丝原液；将上述纺丝原液过滤脱泡，通过湿法纺丝工

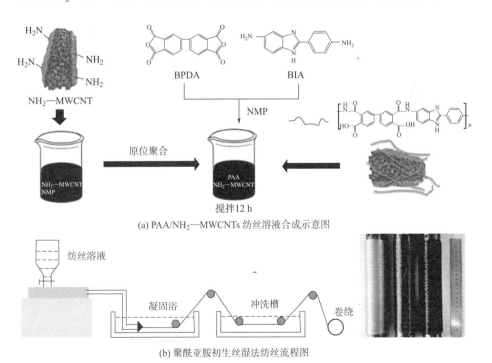

BPDA　　　　BIA

NMP

NH$_2$—MWCNT

原位聚合　　　　　搅拌 12 h

NH$_2$—MWCNT NMP　　　　PAA NH$_2$—MWCNT

(a) PAA/NH$_2$—MWCNTs 纺丝溶液合成示意图

纺丝溶液

凝固浴　　　冲洗槽　　　卷绕

(b) 聚酰亚胺初生丝湿法纺丝流程图

图 9-4　PAA/NH$_2$—MWCNTs 纺丝溶液的合成示意图及聚酰亚胺初生丝湿法纺丝流程图

艺得到聚酰亚胺初生丝，然后 60 ℃真空干燥脱除残留溶剂，最后将纤维经 100 ℃、200 ℃以及 300 ℃各 1 h 热牵伸处理得到最终的 PI/NH$_2$—MWCNTs 复合纤维。

没有添加氨基化碳纳米管的 PAA 纤维断面呈现致密的形态，如图 9-5（a）所示。对于掺杂了 NH$_2$—MWCNTs 的纤维，碳纳米管均匀分散在纤维内部，无明显的团聚。这主要是因为氨基改性后的 MWCNTs 能够在 NMP 溶液中稳定分散。并且可以看到，大多数碳纳米管被基体充分浸润而没有被拔出，说明 NH$_2$—MWCNTs 与聚合物基体有较好的界面黏合，这对提高复合纤维的力学性能大有好处。

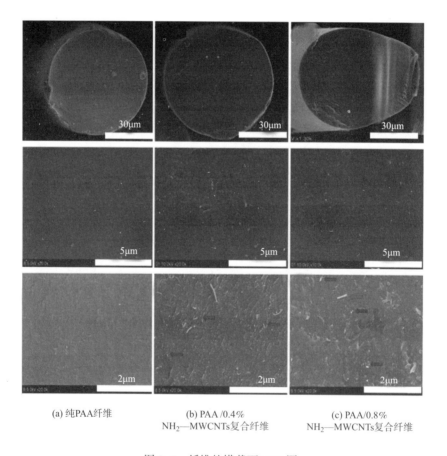

(a) 纯PAA纤维　　　　(b) PAA /0.4%　　　　(c) PAA/0.8%
　　　　　　　　NH$_2$—MWCNTs复合纤维　　NH$_2$—MWCNTs复合纤维

图 9-5　纤维的横截面 SEM 图

对纤维的聚集态结构进行分析发现，当纤维的牵伸比超过 1.5 时，相较于纯 PI 纤维，含有 NH$_2$—MWCNTs 的复合纤维表现出更有序的分子间堆砌，表明碳纳米管的引入能够影响聚合物分子的微观结构（图 9-6）。对复合纤维的结晶度和取向度进行计算后发现，经过热牵伸处理后，纤维的这两个参数明显提高（图 9-7），当 $NH_2$—MWCNTs 含量达到 0.4% 时，复合纤维的结晶度和取向度相比纯 PI 纤维分别提高了 11.7% 和 5.6%。这些结果表明，$NH_2$—MWCNTs 的引入对 PI 分子链的堆砌是无害的，且碳纳米管较大的长径比也使得其在纺丝以及热牵伸过程中容易沿着纤维轴向进行取向，这也有利于纤维机械性能的改善。图 9-7 力学性能数据显示，在牵伸比为 2.8 时，PI/$NH_2$—MWCNTs 复合纤维的拉伸强度从 1.64 GPa 提高到 2.41 GPa，模量从 72 GPa 提高到了 99 GPa，并且随着 $NH_2$—MWCNTs 含量从 0.1% 提高到 0.4%，纤维强度和模量随之增大，这归因于 $NH_2$—MWCNTs 与纤维基体之间强烈的氢键作用及 π—π 相互作用。然而，当 $NH_2$—MWCNTs 含量增大到 0.8% 时，纤维的机械性能出现下降，可能是因为纳米填料在达到临界点时继续增大用量会导致纳米填料发生堆积作用，这会削弱纳米填料的增强作用[8]。

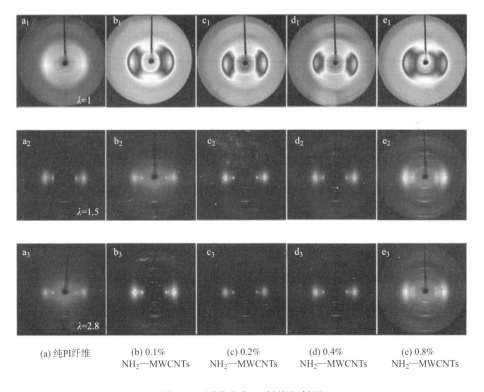

(a) 纯 PI 纤维　　(b) 0.1%　　　　(c) 0.2%　　　　(d) 0.4%　　　　(e) 0.8%
　　　　　　　$NH_2$—MWCNTs　$NH_2$—MWCNTs　$NH_2$—MWCNTs　$NH_2$—MWCNTs

图 9-6　纤维广角 X 射线衍射图

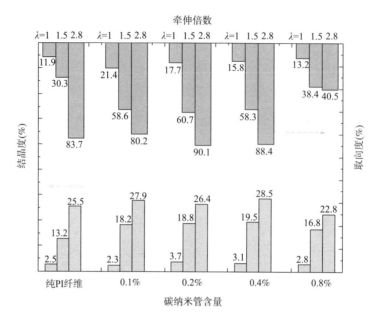

图 9-7　牵伸倍数及不同 $NH_2$-MWCNTs 含量的复合纤维的结晶度和取向度

### 9.2.3　静电纺聚酰亚胺 /CNT 纳米纤维

静电纺丝是一种利用外部静电场制备具有高比表面积的纳米纤维的一种纺丝方法，被广泛用于制备聚合物纳米纤维。由于聚酰亚胺纤维固有的刚性分子结构特点，其韧性相对较差，因此，高强高韧聚酰亚胺纳米纤维是亟需解决的一个难题，为此，将 CNTs 引入到聚酰亚胺进行增强处理是有效途径之一。Chen 等[9]利用静电纺丝技术制备得到了含有 CNTs 的聚酰亚胺纳米纤维。利用图 9-8 所示的一个特殊的旋转收集装置来得到排列规整的纳米纤维，直径为 200 ~ 300 nm，纤维表面光滑且鲜有缺陷。研究发现在引入含 CNTs 的

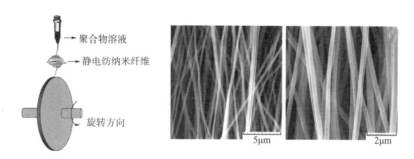

(a) 配旋转收集器的静电纺丝过程示意图　　(b) 平行排列的纳米纤维SEM图

图 9-8　配有旋转收集器的静电纺丝过程示意图及平行排列的纳米纤维 SEM 图[10]

聚酰亚胺纳米纤维后，复合纤维膜的力学性能显著提高，同时引入 CNTs 后 PI 膜依然拥有良好的透明性，所制备的复合薄膜在微电子、光学领域以及航空航天材料方向具有潜在应用。因 CNTs 经过酸处理，表面会携带大量含氧官能团，如—COOH 等，使得 CNTs 表面官能团与聚酰亚胺纳米纤维产生氢键作用，即 CNTs 表面会被聚酰亚胺基体包裹，从而阻止其发生团聚，进而提高 CNTs 在基体中的分散性。CNTs 含量为 2% 时，能够在聚酰亚胺纳米纤维中良好地均匀分散，纤维表面光滑并且 CNTs 在纤维内部发生取向排列。但随着 CNTs 含量增大到 5% 时，会发现纳米纤维部分区域会出现 CNTs 团聚的现象，这使得纳米纤维表面会变得粗糙。CNTs 的引入能够明显提高聚酰亚胺复合膜的力学性能，但 CNTs 用量过多也会导致复合膜的性能下降。

## 9.3　聚酰亚胺 / 石墨烯杂化纤维

利用无机粒子增强聚合物纤维被认为是一种行之有效的方法，例如，Hu 等[11]利用一锅法将多壁碳纳米管（CNT）接枝在 PBO 分子主链中，并制备出连续的 PBO/CNT 复合纤维，在合适的浓度下其抗拉强度提高了 60%，模量提高了 39%。利用无机粒子作为增强相不仅效果较为明显，而且加工过程简便，多数无机粒子价格低廉。石墨烯作为一种有效的增强材料，对聚酰亚胺纤维无疑具有明显的增强效果。

石墨烯（graphene）是单原子层通过紧密堆积而形成的 2–D 晶体结构，其中碳原子以六圆环的形式周期性排列于石墨烯平面内。每个碳原子通过 σ 键与邻近的三个碳原子相连，组成 sp2 杂化结构，C—C 键键角为 120°，赋予石墨烯极高的力学性能。文献报道，石墨烯的弹性模量为 125 GPa，抗拉强度高达 1.1TPa。优异的力学性能使得石墨烯可以作为一种典型的二维纳米增强相，在复合材料领域具有理论研究意义和潜在的应用价值。

### 9.3.1　聚酰亚胺 / 石墨烯杂化纤维

直接添加石墨烯或氧化石墨烯作为增强相是一种较为简单的制备聚酰亚胺复合纤维的方式，相关研究也较为广泛。李娜等[12]将 GO 在 DMAc 中的悬浮液与 PMDA 和 ODA 直接混合得到 GO—PAA 混合溶液，通过干湿法纺丝得到 GO/PAA 初生纤维，经过亚胺化得到氧化石墨烯 / 聚酰亚胺纤维。TGA 分析发现，GO 的加入稍微提升了热稳定性，GO 含量为 0.3% 的复合纤维的初始分解温度为 528.3 ℃，相比纯 PI 纤维提高了 5.9 ℃。Xiao 等[13]也报道了类似的采用 GO/DMAc 悬浮液、PMDA 和 ODA 直接混合得到 GO—PAA 混合溶液，通过干湿法纺丝得到 GO/PAA 初生纤维，经过亚胺化得到氧化石墨烯 / 聚酰亚胺纤维。研究发现，1%GO 添加量的 GO/PI 纤维失重 10% 时的温度为 509 ℃，相比纯 PI 纤维高约 40 ℃。同时，DSC 曲线中可以发现，在 503 ℃的放热峰强度减少 69.7%，该温度下发生的是纤维的碳化过程。GO 的添加提高热性能和减少碳化过程放热的原因主要有两点，第一点是因为石墨烯层与 PI 分子链间的强作用力形成了体型交联结构，大幅度地降低了碳化过程的热释放；第二点是因为石墨烯会阻碍 PI 分子链的运动，从而导致破坏 PI 分子链需要更高的能量。

采用高压静电纺方法可以将石墨烯"嵌入"到纳米纤维中，如 Ramakrishnan 等[14]直接将 GO、PMDA 和 ODA 在 DMF 中进行混合得到 GO—PAA 溶液，通过静电纺丝得到 GO—PAA 纳米纤维膜，经高温亚胺化反应得到氧化石墨烯 / 聚酰亚胺（GO—PI）纳米纤维。随着石墨烯添加量的增大，材料的玻璃化转变温度 $T_g$ 以及热稳定性均得到提升，GO 添加量为 2% 时其值分别为 $T_g$=323 ℃ 和 $T_{d,10\%}$ =603 ℃。Liu 等[15]通过静电纺丝技术制备了聚酰亚胺—石墨烯纳米带（GNR）/ 碳纳米管复合纤维膜，首先通过一步法直接由多层碳纳米管解开形成氧化 GNR/CNT 杂化物，其中包含残余的碳纳米管键合在自组装形成的 GNR 上；然后由 BTDA 和二季戊四醇（DPE）按照合适的摩尔比在 DMAc 溶液（PAA 含量控制在 15%）中经缩聚反应得到 PI 的前驱体 PAA。将 PAA 溶液与 GNR/CNT 杂化物混合得到纺丝溶液，通过静电纺丝得到 PAA—GNR/CNT 纤维膜，高温亚胺化反应得到 PI—GNR/CNT 纳米纤维膜。碳纳米管的存在不仅能避免石墨烯带的团聚，同时可作为电流传输的桥梁，这种结构相比单纯直接将两者共混具有更加完善的层级结构和界面作用力。

### 9.3.2 改性石墨烯增强聚酰亚胺纤维

聚酰亚胺基体与石墨烯之间的相互作用比较弱，同时石墨烯在溶剂中的分散也是其在材料成型中的关键问题。因此，想要得到高性能的复合材料需要改善基体与增强体之间的相互作用，常用的方法是对表面进行表面修饰。董杰等[16]将表面接枝 ODA 的功能化石墨烯引入到聚酰亚胺中，制备了聚酰亚胺 / 功能化石墨烯（PI/GO—ODA）复合纤维。首先通过 Hummer 方法制备氧化石墨烯（GO），采用溶剂置换的方法保证 GO 在甲基吡咯烷酮（NMP）中良好分散，制备 GO—ODA。将 GO-ODA 在超声波辅助下分散在无水 NMP 中，在氮气保护下逐步加入 TFMB、BIA、BTDA 混合，再加入异喹啉，升高温度反应脱水原位聚合得到 PI/GO—ODA 纺丝原液，最后经过湿法纺丝得到 PI/GO—ODA 复合纤维。GO 上引入 ODA 单元使得其与极性溶剂之间的相互作用力提高，在 NMP、DMF、DMAc 或 DMSO 中存放两个月后依旧不产生沉淀。GO—ODA 片层在复合纤维内部与 PI 纤维之间具有良好的界面作用，但同时也存在团聚的现象（图 9-9），并明显地改变了聚酰亚胺纤维的聚集态结构，0.3%、0.8% 和 1.0%PI/GO—ODA 复合纤维取向因子分别为 0.87、0.86、0.82、0.80，即加入 GO—ODA 后纤维的分子链取

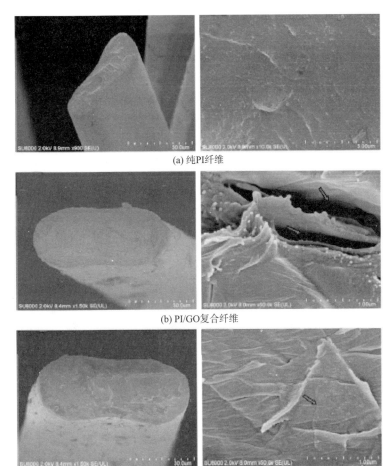

(a) 纯PI纤维

(b) PI/GO复合纤维

(c) PI/GO—ODA复合纤维

图 9-9　纯 PI 纤维、PI/GO 复合纤维及 PI/GO—ODA 复合纤维的 SEM 图

向度降低。原因可能是 GO—ODA 的加入使 PI 分子链间相互交联，分子链运动受阻。Halpin-Tsai 理论计算结果显示，在热牵伸过程中，GO—ODA 纳米片层在纤维内部取向排列，这种取向结构的调控以及内部交联结构较好地改善了复合纤维的力学性能，GO—ODA 添加量为 0.8% 时纤维的强度为 2.5 GPa，比纯 PI 纤维提高了 72%。同时，GO-ODA 的加入提高了纤维的热稳定性和疏水性能，相比纯 PI 纤维，GO-ODA 添加量为 1.0%、失重 5% 的热分解温度 $T_5$ 为 606 ℃，提高了 21 ℃；接触角为 100.3°，提高了 36.7°。

Guo 等[17]将带胺基的聚倍半硅氧烷（$NH_2$—POSS）和氧化石墨烯（GO）制备化学改性石墨烯（CMG），通过静电纺丝技术制备了 CMG/PI 复合纳米纤维。复合纳米纤维的制备过程主要是将 GO 与 $N,N'$- 二异丙基碳二亚胺（DIC）溶解于四氢呋喃（THF）中，然后加入 $NH_2$-POSS 和肼水溶液，最终得到 CMG；将 CMG 加入 DMAc/THF 混合溶剂中，加入 APB、4,4'- 氧双邻苯二甲酸酐（ODPA），得到 CMG/PAA 溶液，将静电纺丝得到的纤维经高温亚胺化反应，得到 CMG/PI。图 9-10 为 CMG/PI 纤维的 SEM 照片，可以发现，随着 CMG 添加量的增大，纤维表面粗糙度会增加，这也表明 CMG 粒子包裹在 PI 纤维中。这样的粗糙表面结构使得 CMG/PI 纤维的接触角产生了改变，纯 PI 纤维的接触角为 129°，而 5% 添加量的 CMG/PI 纤维接触角为 139°（图 9-10）。

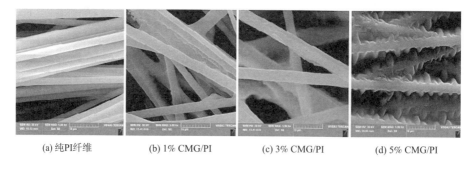

(a) 纯PI纤维　　　(b) 1% CMG/PI　　　(c) 3% CMG/PI　　　(d) 5% CMG/PI

图 9-10　PI 纤维及不同添加量 CMG/PI 纤维的 SEM 图

将石墨烯"负载"到聚酰亚胺纤维表面是另一种改性方法。安颖丽[18]通过对聚酰亚胺纤维的表面进行修饰，得到氧化石墨烯改性的聚酰亚胺纤维。首先将聚酰亚胺去除油剂后浸渍于多巴胺溶液中，加入一定量的聚乙烯亚胺（PEI）进行反应，得到氨基化的聚酰亚胺纤维；同时，将氧化石墨烯置入氯化亚砜溶液中反应，得到酰氯改性氧化石墨烯；最后将两者在 DMF

中反应，得到 GO 表面修饰的 PI 纤维，纤维的表面附着了自聚的多巴胺以及接枝上的酰氯化改性氧化石墨烯。

## 9.4　聚酰亚胺—硅杂化纤维

透波复合材料是近年来快速兴起的一类集结构、防热、隔热、抗冲击、透波于一体的多功能介质材料，广泛应用于飞机、导弹及卫星等航天器的天线罩等部件的制备[19]。新一代天线罩材料需要具有优异的介电性能，即较低的介电常数（$\varepsilon < 2.8$）和介电损耗（$\tan\delta < 0.01$），从而尽量削减电磁波在介质材料中的传输损失。同时，天线罩材料还需具备优异的力学性能、耐热稳定性、抗辐照性及环境稳定性，以保证飞行器的通信、遥测、制导和引爆等功能在恶劣环境中能正常使用，因此，对于制作雷达罩的透波复合材料的性能提出了更高的要求。透波复合材料主要由纤维增强体和基体组成，其中高强度、高模量的增强纤维作为机械外力的主要承载者，在复合材料中通过有效引入不同的吸能机制，以提高复合材料的断裂韧性和稳定性。此外，复合材料的使用温度与增强纤维的耐高温性能相关，透波情况也受增强纤维的介电性能影响。所以，增强纤维成为制约透波复合材料发展的关键因素之一。传统的纤维增强体主要是石英、玻璃纤维和陶瓷纤维，然而，这类材料由于较高的介电常数很难满足新一代雷达罩的要求。

聚酰亚胺纤维具有优良的热氧化稳定性能、耐吸水性能、耐辐照性能及耐烧蚀性能，在高空等恶劣环境中具有明显的应用优势，是作为雷达罩的理想材料。一般聚酰亚胺的介电常数为 3.1 ~ 3.5，远高于新一代雷达罩对介电层材料介电常数值的要求[20]。为了进一步降低聚酰亚胺纤维的介电性能，科技工作者们探索了各种降低聚酰亚胺薄膜介电常数的方法，如改变聚酰亚胺分子结构、填充低介电常数材料制备复合薄膜，引入纳米分散的空气载体，制备具有纳米微孔的聚酰亚胺薄膜等。这些方法对低介电聚酰亚胺纤维的结构设计及制备具有重要的指导意义。另外，向基体内引入含硅组分是一类对聚酰亚胺性能改善非常有效的方法。硅元素的引入可提高聚酰亚胺的黏结性、溶解性、电学性能、阻燃性等，并降低材料的吸湿性、热膨胀系数等[21]。除此之外，含硅聚酰亚胺可有效解决普通聚酰亚胺航空航天材料耐原子氧能力差的问题[22]。通过复合或填充将硅元素引入 PI 基体，可使材料在受到低地球轨道中（LEO）原子氧（AO）腐蚀时，在材料表面形成惰性层阻止原子氧对内部聚合物的深层腐蚀，因而可拓展聚酰亚胺在航空航天领域的应用。

目前，含硅聚酰亚胺按结构分类主要有三种：主链型，即在主链中引入二烷基基团、硅氧烷嵌段及对聚酰亚胺进行硅烷偶联剂封端等；侧链型，合成含有羟基的聚酰亚胺，通过与羟基反应获得侧链型含硅聚酰亚胺，或者先合成带有硅烷侧链的二胺单体，再进行亚胺化反应；含硅复合型，主要是将二氧化硅、聚倍半硅氧烷（polysilsesquioxane，PSQ）等以纳米尺度与聚酰亚胺复合等。其中，利用溶胶—凝胶法制备 PI/SiO$_2$ 的研究最为广泛，所得复合材料在保持聚酰亚胺优异的耐热性能时，还可以降低材料的热膨胀系数，提高材料的力学性能和黏结性[23]。

含硅复合型聚酰亚胺纤维按照结合键的类型分为物理添加和化学接枝两大类。物理添加一般是把有机硅直接通过共混或者涂覆的形式结合到聚酰亚胺纤维内部或者表面。如 Liu 等[24]通过溶胶—凝胶和静电纺丝技术制备超低介电常数二氧化硅 / 聚酰亚胺（SiO$_2$/PI）复合纳米纤维膜。由部分水解的四乙氧基硅烷（TEOS）和 PAA 组成的乳液通过纺丝产生具有核—壳结构的 SiO$_2$/PI 纤维的前驱体，随着 SiO$_2$ 含量的增加，复合膜的介电常数（$k$）在 1.78 ~ 1.32 变化。随着 SiO$_2$ 浓度的增加，SiO$_2$ 和 PI 基质之间的界面反应降低了 $k$ 的值。将 3– 氨丙基三乙氧基硅烷表面改性纯硅沸石纳米晶（A–PSZN）引入聚酰胺酸（PAA）溶液中，通过静电纺丝及热酰亚胺化处理制备 PI/A–PSZN 复合纤维膜，发现 A–PSZN 的引入可以明显降低纤维膜的介电常数，当 APSZN 的含量为 7% 时，杂化纤维薄膜的介电常数最小（$\varepsilon$ =1.6），且当 A–PSZN 添加一定量时对于杂化纤维膜的力学性能也有所提高。相似地，Huang 等[25]将氨丙基功能化的纯硅沸石（APSZN）引入到含氟聚酰亚胺基体中，制备了 FPI/APSZN 杂化薄膜，当 APSZN 的含量为 7% 时，杂化薄膜的介电常数最小（$\varepsilon$ =2.56）。Cheng 等[26]将四乙氧基硅烷（TEOS）通过原位溶胶—凝胶合成方法添加到聚酰胺酸溶液中，通过静电纺丝制备纳米纤维织物，并逐步加热完成二氧化硅相的凝胶化。与纯PI 织物相比，含有 6.58 % SiO$_2$ 的产物，分解温度增加了 133 ℃，极限拉伸强度提高了 4 倍。优异的性能可归因于聚酰亚胺和二氧化硅之间的良好相容性，以及纤维之间的良好黏附性，这是由于受控的 TEOS 水解和同时发生的酰亚胺化和凝胶化过程所致。Huang 等人[27]也将四乙氧基硅烷（TEOS）通过原位溶胶—凝胶合成杂化聚酰胺酸混合液，然后通过湿法纺丝技术制备出一系列不同硅含量的聚酰胺酸杂化纤维，研究表明二氧化硅的引入显著影响纤维的结晶，通过将纤维在 420 ℃下的进行无张力热处理，PI 纤维是结晶的，而混合纤维由于分散的二氧化硅引起的受限的大分子结晶是无定形的，这限制了拉伸强度的进一步改善。为了获得最佳的机械性能，使用 420 ℃的热拉伸工艺，聚集态结构突然变为晶相，机械性能显著提高到 2.34 GPa。PI 杂化纤维结合了大分子结晶和在无定形区域中二氧化硅杂化的优点，从而具有优异的机械性能。

　　化学接枝可在聚酰亚胺中引入硅氧烷链段组分，增强聚酰亚胺与无机相之间的相互作用，实现两相相容性的改善，同时达到改善材料介电性能、力学性能、耐热性能、透气性能等的目的。硅氧烷链段研究较多的是聚硅氧烷，结构与 SiO$_2$ 相近，本征介电常数较低，耐热性和机械强度较好，综合性能优于多数有机聚合物。聚硅氧烷与聚酰亚胺杂化后得到的复合材料，既保留了聚酰亚胺耐高温、韧性强、机械性能好、膨胀系数低的优点，又具有硅氧烷介电常数低、化学性质稳定的优异性能，吸引了众多科研工作者在这方面的深入研究。

　　常见的硅氧烷多聚物主要有两种形式，具有纳米笼形结构的多面体刚性纳米粒子 POSS 和具有超支化结构的聚硅氧烷（hyperbranched polysiloxane，HBPSi），两者都具有低密度、低介电、优异的耐热性能和力学性能等优点。如 Liu 等[28]采用 Heck 反应合成了一种 3,13- 双氨苯基乙烯基二甲基六苯基双层硅烷（DDSQ），再与 ODA 和 BTDA 通过原位聚合得到了主链含有 POSS 结构的聚酰亚胺，聚合过程如图 9-11 所示。该杂化材料显示了优良的热稳定性和表面疏水性，并且与纯 PI 纤维相比，介电常数明显降低。当 POSS 上有多个活性官能团时，接入高分子结构中，官能团会同时与高分

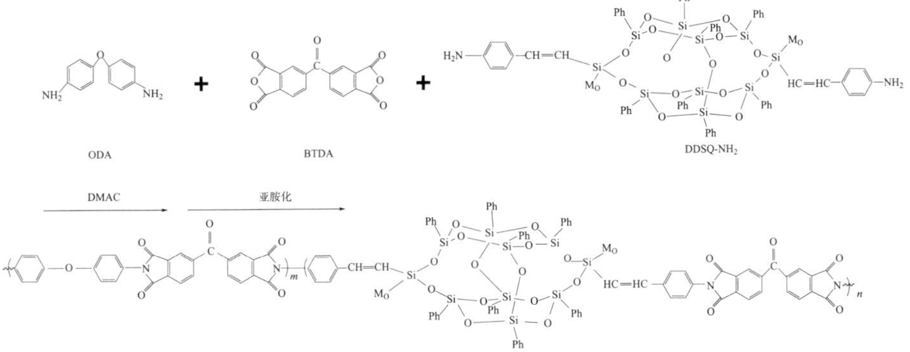

177

图 9-11　主链型 POSS/PI 的合成路线

子链中的基团反应，此时 POSS 相当于交联点，使分子链相互连接成为网络结构。

　　HBPSi 是一类具有超支化结构的有机—无机纳米粒子，由硅氧原子构成的树枝状网络链和环外有机官能团组成（$RSiO_n$，$n=1$，2，R 代表有机官能团），也称为有机硅树脂。纳米尺度的 HBPSi 具有成本低、结构多元、易功能化的特点，可以与有机聚合物达到分子级的结合以制备复合材料。这种复合材料既可以保留有机聚合物优良的耐热性、介电性能和力学性能等，又可以引入 HBPSi 优异的化学稳定性和抗湿性等优点。相对于 POSS 来讲，HBPSi 的成本低，合成路径简单，不涉及毒性和强腐蚀性溶剂，更具有产业化前景。而且 HBPSi 的单体种类较多，容易官能化，具有良好的溶解性，解决了无机粒子在有机基体中难分散的问题。从结构上来讲，POSS 本征具有的纳米微孔，也会造成一定程度的材料力学性能下降。综上，超支化的 HBPSi 是非常理想的既能降低聚酰亚胺介电常数，又能保持 PI 原有性能的材料。

　　董杰等[29]通过溶胶—凝胶法合成出含有氨基结构的超支化硅氧烷聚合物，然后在原位聚合过程中将氨基官能化的 $NH_2$—HBPSi 接枝到含氟聚酰亚胺链上，通过湿法纺丝技术制备一系列不同二氧化硅含量的复合纤维，硅氧烷上的氨基与二元酸酐反应生成化学键，促进 $NH_2$—HBPSi 纳米颗粒的均匀分散并在 $NH_2$—HBPSi 和 PI 基质之间形成强的界面相互作用，如图 9–12 所示。

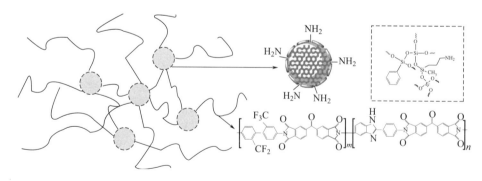

图 9–12　可溶性聚酰亚胺 /$NH_2$—HBPSi 复合结构示意图及结构式

　　湿法纺丝成形的 PI/$NH_2$—HBPSi 纤维呈现椭圆形截面，结构致密，没有纳米粒子的聚集（图 9–13）。硅元素的 EDS 谱图 A5 和 B5 也表明硅原子均匀分散在 PI 基质中，表明 $NH_2$—HBPSi 在复合纤维中具有良好分散性，

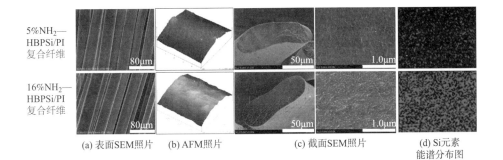

5%NH₂—
HBPSi/PI
复合纤维

16%NH₂—
HBPSi/PI
复合纤维

(a) 表面SEM照片　　(b) AFM照片　　(c) 截面SEM照片　　(d) Si元素
能谱分布图

图 9-13　5% NH₂—HBPSi/PI 和 16%NH₂—HBPSi/PI 复合纤维的表面 SEM 照片、
AFM 照片、截面 SEM 照片及 Si 元素的能谱分布图

这是因为 NH₂—HBPSi 的氨基不仅能够增强纳米颗粒和基质之间的界面相互作用，而且通过原位聚合形成的共价键也有助于抑制 NH₂—HBPSi 的聚集。此外，NH₂—HBPSi 上众多苯基基团的存在也增加了其与芳香族 PI 的相容性。

纤维强度方面，与纯 PI 纤维相比，支化的 NH₂—HBPSi 在聚酰亚胺中产生交联，使得纤维力学性能有所提高，如含有 10% NH₂—HBPSi 复合纤维的拉伸强度和模量分别增加 10% 和 26%。通过对其薄膜样品的介电性能进行测试，结果表明由于硅氧烷均匀分散在 PI 基质中，可以产生很强的自极化诱发效应，导致在异质结合点处的电子云径向分布，造成复合材料的介电常数降低。NH₂—HBPSi 与 PI 分子链通过共价键结合，超支化结构的 NH₂—HBPSi 可以有效地限制 PI 链的运动，从而抑制聚合物链的电子云极化，导致体系的介电常数显著降低。这些结果为设计分子结构和未来在天线罩中制造高性能增强纤维提供了有用的信息。

为实现透波复合材料在恶劣环境中的实际应用，需要增强纤维具备较高的表面活性和优异的抗紫外特性，因此，张清华课题组研究人员[30]又制备含有大量刚性结构和咪唑基团，且同样采用原位聚合方法制备出一系列 PI/HBPSi 复合纤维。如图 9-14 所示，相对纯 PI 纤维，复合纤维拉伸强度增加了 19%，达到 3.44 GPa（27.3g/旦），模量增加了 37%，达到 115.2 GPa，优于 Kevlar49。该复合纤维在暴露于紫外光源 168 h 后，其拉伸强度仍能保持 94% ~ 96%；同时，与未照射的纤维相比，辐照纤维的模量增加 2% ~ 23%，显示出优异的抗紫外线能力。因此，这种多尺度增强复合纤维很有可能应用于新一代更坚固和更耐用的透波复合材料中。

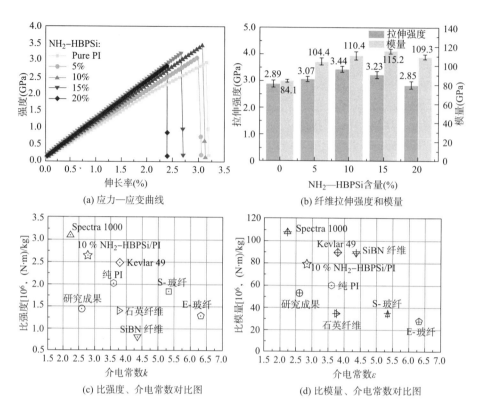

(a) 应力—应变曲线

(b) 纤维拉伸强度和模量

(c) 比强度、介电常数对比图

(d) 比模量、介电常数对比图

图 9-14　具有不同 NH₂—HBPSi 含量的纯 PI 和 PI/HBPSi 复合纤维的应力—应变曲线和纤维的拉伸强度和模量柱状图及所制备的纤维的比强度、比模量及介电常数与其他常见纤维的对比图

# 参考文献

[1] YANO K, USUKI A, OKADA A, et al. Synthesis and properties of polyimide-clay hybrid [J]. Journal of Polymer Science Part A-Polymer Chemistry, 1993, 31 (10): 2493-2498.

[2] CHEN X, GONSALVES K E. Synthesis and properties of an aluminum nitride/polyimide nanocomposite prepared by a nonaqueous suspension process [J]. Journal of Materials Research, 1997, 12 (5): 1274-1286.

[3] SUKHANOVA T E, BAKLAGINA YU G, KUDRYAVTSEV V V, et al. Morphology, deformation and failure behaviour of homo- and copolyimide fibres 1. Fibres from 4,4'-oxybis (phthalic anhydride) (DPhO) and p-phenylenediamine (PPh) or/and 2,5-bis (4-aminophenyl) -pyrimidine (2,5PRM) [J]. Polymer, 1999, 40 (23): 6265-6276.

[4] NIU H, HUANG M, QI S, et al. High-performance copolyimide fibers containing quinazolinone moiety: Preparation, structure and properties[J]. Polymer, 2013, 54(6):

1700–1708.

[ 5 ] YIN C, DONG J, LI Z, et al. Large–scale fabrication of polyimide fibers containing functionalized multiwalled carbon nanotubes via wet spinning [ J ]. Composites Part B, 2014, 58 ( 3 ): 430–437.

[ 6 ] DONG J, FANG Y, GAN F, et al. Enhanced mechanical properties of polyimide composite fibers containing amino functionalized carbon nanotubes [ J ]. Composites Science and Technology, 2016, 135: 137–145.

[ 7 ] ZHAO X, ZHANG Q, CHEN D, et al. Enhanced Mechanical Properties of Graphene–Based Poly ( vinyl alcohol ) Composites [ J ]. Macromolecules, 2010, 43 ( 5 ): 2357–2363.

[ 8 ] CHEN D, WANG R, WENG W T, et al. High performance polyimide composite films prepared by homogeneity reinforcement of electrospun nanofibers [ J ]. Composites Science and Technology, 2011, 71 ( 13 ): 1556–1562.

[ 9 ] HU Z, LI J, TANG P, et al. One–pot preparation and continuous spinning of carbon nanotube/poly ( p–phenylene benzobisoxazole ) copolymer fibers [ J ]. Journal of Materials Chemistry, 2012, 22 ( 37 ): 19863–19871.

[ 10 ] 李娜，马兆昆，陈铭，等. 石墨烯／聚酰亚胺复合石墨纤维的结构与性能 [ J ]. 材料工程，2017，45（9）：31–37.

[ 11 ] XIAO M, LI N, MA Z, et al. The effect of doping graphene oxide on the structure and property of polyimide–based graphite fiber [ J ]. RSC Advances, 2017, 7: 56602–56610.

[ 12 ] RAMAKRISHNAN S, DHAKSHNAMOORTHY M, JELMY E J, et al. Synthesis and characterization of graphene oxide – polyimide nanofiber composites [ J ]. RSC Advances, 2013, 4 ( 19 ): 21–23.

[ 13 ] LIU M, DU Y, MIAO Y E, et al. Anisotropic conductive films based on highly aligned polyimide fibers containing hybrid materials of graphene nanoribbons and carbon nanotubes. [ J ]. Nanoscale, 2015, 7 ( 3 ): 1037.

[ 14 ] DONG J, YIN C, ZHAO X, et al. High strength polyimide fibers with functionalized graphene [ J ]. Polymer, 2013, 54 ( 23 ): 6415–6424.

[ 15 ] GUO Y, XU G, YANG X, et al. Significantly enhanced and precisely modeled thermal conductivity in polyimide nanocomposites with chemically modified graphene via in situ polymerization and electrospinning–hot press technology [ J ]. Journal of Materials Chemistry C, 2018, 6 ( 12 ): 3004–3015.

[ 16 ] 安颖丽. 氧化石墨烯表面修饰聚酰亚胺纤维增强地质聚合物复合材料的制备与研究 [ D ]. 北京：北京化工大学，2017.

[ 17 ] JIANG Y G, ZHANG C R, CAO F, et al. Development of microwave transparent materials for hypersonic missile radomes [ J ]. Bulletin of the Chinese Ceramic Society, 2007, 26 ( 3 ): 500–505.

[ 18 ] HUANG Z, LIU S, YUAN Y, et al. High–performance fluorinated polyimide/pure silica zeolite nanocrystal hybrid films with a low dielectric constant [ J ]. RSC Advances, 2015, 5 ( 93 ): 76476–76482.

[ 19 ] 李静，吴军，范守成，等. 含硅聚酰亚胺的合成与应用研究进展 [ J ]. 有机硅材料，

181

2011，25（2）: 121–125.

［20］YOKOTA K, ABE S, TAGAWA M, et al. Degradation property of commercially available Si–containing polyimide in simulated atomic oxygen environments for low earth orbit［J］. High Performance Polymers，2010，9（2）: 379–387.

［21］MINTON T K, WRIGHT M E, TOMCZAK S J, et al. Atomic–oxygen effects on Poss polyimides in low earth orbit［J］. ACS Applied Materials & Interfaces，2012，4（2）: 492.

［22］沈乐欣，胡应模，伊洋，等. 含硅聚酰亚胺的合成与性能［J］. 广州化工，2009，37（8）: 21–24.

［23］MUSTO P, RAGOSTA G, SCARINZI G, et al. Toughness enhancement of polyimides by in situ generation of silica particles［J］. Polymer，2004，45（12）: 4265–4274.

［24］LIU L, LV F, LI P, et al. Preparation of ultra–low dielectric constant silica/polyimide nanofiber membranes by electrospinning［J］. Composites Part A，2016，84: 292–298.

［25］HUANG Z, LIU S, YUAN Y, et al. High–performance fluorinated polyimide/pure silica zeolite nanocrystal hybrid films with a low dielectric constant［J］. RSC Advanced，2015，5（93）: 76476–76482.

［26］CHENG S, SHEN D, ZHU X, et al. Preparation of nonwoven polyimide/silica hybrid nanofiberous fabrics by combining electrospinning and controlled in situ sol‒gel techniques［J］. European Polymer Journal，2009，45（10）: 2767–2778.

［27］HUANG J, LI X, LUO L, et al. Releasing silica–confined macromolecular crystallization to enhance mechanical properties of polyimide/silica hybrid fibers［J］. Composites Science and Technology，2014，101（8）: 24–31.

［28］LIU N, WEI K, WANG L, et al. Organic–inorganic polyimides with double decker silsesquioxane in the main chains［J］. Polymer Chemistry，2016，7（5）: 1158–1167.

［29］DONG J, YANG C, CHENG Y, et al. Facile method for fabricating low dielectric constant polyimide fibers with hyperbranched polysiloxane［J］. Journal of Materials Chemistry C，2017，5（11）: 2818–2825.

［30］YANG C, DONG J, FANG Y, et al. Preparation of novel low–κ polyimide fibers with simultaneously excellent mechanical properties，UV–resistance and surface activity using chemically bonded hyperbranched polysiloxane［J］. Journal of Materials Chemistry C，2018，6（5）: 1229–1238.

# 第 10 章  应用与发展

作为一种新型的高性能纤维，聚酰亚胺纤维制备复杂、成本相对较高，其应用领域受到很多限制，早期主要在高温过滤领域作为滤材使用。随着我国自主创新的聚酰亚胺纤维生产规模的扩大和技术的持续进步，纤维的成本呈下降趋势，产品的稳定性得到提升，产品规格不断丰富，从而促进该纤维的应用在诸多领域得到不断拓展。

## 10.1  高温过滤领域

与其他耐热型有机纤维相比，聚酰亚胺纤维在高温稳定性和耐酸性方面具有明显的优势，可在高温、高湿和高腐蚀性气体等极其恶劣的环境条件下长期使用。图 10-1 给出了江苏奥神新材料有限公司生产的聚酰亚胺纤维

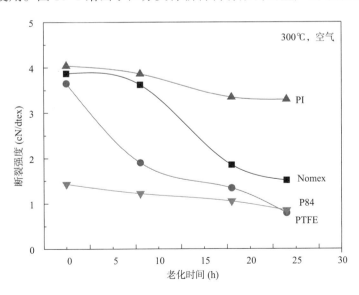

图 10-1  高温条件下几种高性能纤维的断裂强度稳定性情况

（PI）、奥地利 Leizing 公司的 P84 纤维、杜邦公司的间位芳纶（Nomex）以及国产的 PTFE 纤维在 300 ℃的空气条件下，纤维的断裂强度随老化时间的变化关系，很明显，国产的 PI 纤维和 PTFE 纤维的耐热稳定性最好，而 P84 纤维在高温下断裂强度衰减严重，仅一天的时间其力学性能损失殆尽。需要说明的是，PPS 纤维也进行了同等对比实验，但因实验温度过高，导致 PPS 熔融，丧失了原有的力学性能。

图 10-2 给出了 PI、P84 和 PPS 纤维的耐酸性情况，对比结果非常清楚，PPS 的耐酸性具有明显的优势。与 P84 纤维相比，国产 PI 纤维的耐酸性较好，即 P84 纤维在 10%HCl 中保持 28 h 后，其断裂强度 < 1.5 cN/dtex ；而国产 PI 纤维经 48 h 的盐酸腐蚀后，其强度仍能保持 50% 左右。Nomex 纤维也进行了同样的对比实验，但由于该纤维耐酸性较差，在盐酸中降解严重，丧失了原有的力学性能。

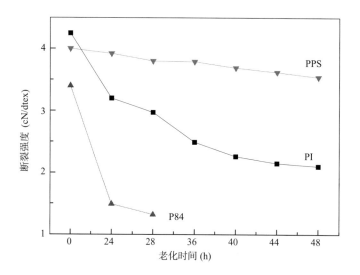

图 10-2　几种高性能纤维在 10%HCl 中进行老化试验情况

从图 10-1 和图 10-2 显示的结果可以发现，作为早期工业化的聚酰亚胺纤维 P84，其耐热性与耐酸性比国产的 PI 纤维均较差，其根本原因在于，P84 是 BTDA 与二异氰酸酯（TDI，MDI）共聚的产物，化学结构式如图 5-1 所示，而国产的 PI 纤维的主体结构为 PMDA—ODA，即与 Kapton 薄膜的化学结构一致。由于分子结构的关系，PMDA—ODA 结构的聚酰亚胺纤维的玻璃化温度、热分解温度均明显高于 P84（表 10-1）。P84 作为一种异形纤维，比表面积相对较高，在高温过滤市场仍然具有很好的应用前景。

表 10-1 国产干法 PI 纤维与 P84 纤维的力学性能及热稳定对比

| 技术指标 | 干纺 PI 纤维 | P84 纤维 |
|---|---|---|
| 断裂强度（cN/dtex） | ＞ 4.0 | 3.8 |
| 断裂伸长率（%） | 15 ~ 25 | 30 |
| 玻璃化转变温度（℃） | 376 | 318 |
| 起始分解温度（℃） | 560 | 420 |

　　优越的耐高温、耐化学腐蚀等特性使聚酰亚胺纤维可在高温、高湿和高腐蚀性气体等极其恶劣的环境条件下长期使用。作为高温工况条件下袋式除尘器的滤料，其已经成功应用于铁合金行业的硅铁炉、锰铁炉、硅锰合金炉等除尘，火电厂、采暖、供热燃煤锅炉和燃煤工业锅炉除尘，垃圾焚烧、发电、医疗垃圾焚烧和危险废弃物焚烧的除尘，新型干法水泥生产线除尘等，性价比高，除尘效果良好。我国是火力发电大国，火力发电厂的动力主要来源于燃煤，污染严重，按照"京都协议书"要求，必须开展治理工作，采用袋式除尘器才能达到要求，对高温滤料的需求也由此迅速上升。根据环保工业协会袋式除尘委员会工作报告，聚酰亚胺纤维在高温滤料市场的份额还较少，2008 年仅占 13.2%，价值约 1.92 亿元，而聚苯硫醚纤维、间位芳纶、聚四氟乙烯纤维的市场份额分别达 38.8%、12.2%、2.6%，表明聚酰亚胺纤维在这方面的应用还有很大的发展空间。

　　复合技术是一条提高滤料性能、降低产品成本的有效途径。邓洪等[1]利用聚酰亚胺纤维的耐高温性，且横截面呈现不规则的叶片状、比表面积大等特点，与玻璃纤维复合，通过梳理、针刺、化学处理等工序制备了新型玻纤 /P84 复合针刺毡滤材，可达到提高使用性能和降低产品成本的目的。陆银权等[2]研制了一种聚酰亚胺面层耐高温渗膜复合过滤毡，基布为无碱玻璃纤维高强基布，在基布的上下面对称粘贴芳香族聚酰胺纤维层，再铺设一层聚酰亚胺纤维层，所得产品具有耐高温、表面过滤效果好、尺寸稳定性好、较高的过滤负荷且耐腐蚀性能好。类似的，刘书平等[3]研制了一种聚酰亚胺与聚四氟乙烯纤维复合耐高温针刺过滤毡，即用针刺机分别在聚四氟乙烯纤维机织布的上下表面复合一层聚酰亚胺与聚四氟乙烯纤维的混合层，具有耐高温、风阻低、过滤效率高等特点。

## 10.2　特种防护领域

随着我国工业的快速发展，火灾频发，严重威胁着人民的生命财产安全，消防安全已引起越来越多的关注，消防人员的防护服须具有高的热防护性能以确保消防员人身安全。火灾救助环境是一个复杂、危险、较为封闭的空间，除烟尘、有毒气体外，还会造成人体伤害的因素包括对流热火焰、热辐射、熔融液滴、高温蒸汽等。为确保消防员能够在外界高温环境下灵活自如地施展救援工作，就要求消防服具备多样化功能：首先具有耐火阻燃，离火自熄，热稳定性优异，且不发生熔融滴落现象的功能；其次还要有透气、防渗透等舒适性功能，这是由于消防员在工作中会产生大量的汗水，面料需具有良好的吸湿快干性能才能保障其正常作业。因此，消防服的防火阻燃层、防水透湿层、隔热舒适层等功能要求，对纤维性能和织物提出了更高的要求。织物阻燃性测试方法主要有极限氧指数法、垂直法、45°倾斜法、烟浓度法等。

火灾救助现场最危险的环境就是高温危害，有效的热防护性能可以将外界的高温较为缓慢地传递到皮肤表层，使高温危害减小到最低。高温往往通过热对流、热传递和热辐射三种方式对人体造成危害，服装介于外界环境与人体皮肤之间，可以通过反射或吸收作用实现温度下降，从而达到热防护目的。表征服装与人体皮肤间温度下降情况的指标就是织物热防护性能。织物热防护性能测试的基本原理就是在织物一侧通定量热，另一侧测量达到皮肤烧伤所用时间。测试方法有热辐射和热对流混合作用防护性测试方法（TPP法）、热辐射防护性能测试方法（RPP法）、人体模型仪测试法（燃烧假人测试法）等，其中燃烧假人法涉及计算机应用技术、服装工程、人机工效等多项领域的系统工程，能够全面表征服装的热防护性能，是未来测试方法的新趋势。目前，消防防护服装用纤维普遍使用的是间位芳纶，在受火时其织物固化、熔融、成炭从而形成保护层，且燃烧时生烟量小，在安全防护、环保过滤等领域得到了广泛的应用。

聚酰亚胺纤维导热系数低［300 ℃导热系数为 0.03 W/（m·k）］，阻燃性能好，具有优良的耐紫外、耐热氧化性能，可用于专业防护服，如森林防火服、消防战斗服以及化工、冶金、火力发电、地质、矿业和核工业等领域的专业防护服装。聚酰亚胺纤维的极限氧指数介于 35 ~ 50，为自熄性材料，在高温火焰中不燃烧、不熔融，而且没有烟雾放出。聚酰亚胺织物高温碳化，发烟率低，损毁长度是主流消防服面料的 1/5，利用聚酰亚胺纤维制备的防火服可极大地保障消防官兵的生命安全和提高其作战能力。

聚酰亚胺纤维与市场上常见的阻燃纤维的阻燃效果具有正面的相同效果，即聚酰亚胺纤维的加入，会明显提升诸如阻燃黏胶和阻燃锦纶的阻燃效果。阻燃黏胶与聚酰亚胺纤维混纺后，可大幅提升织物的阻燃特性，其损毁长度从黏胶的约 50 mm 大幅降低到 12 mm，这与芳纶及其混纺面料形成鲜明对比（表 10–2）。

表 10–2 聚酰亚胺织物的阻燃特性

| 阻燃性能（25 次洗涤） | PI 面料 | 芳纶面料 | 50%PI +50% 阻燃黏胶 | 50% 芳纶 +50% 阻燃黏胶 |
|---|---|---|---|---|
| 经向 损毁长度（mm） | 10 | 46 | 12 | 60 |
| 纬向 损毁长度（mm） | 8 | 48 | 13 | 57 |

将国产阻燃腈纶毯、国产阻燃涤纶毯、进口阻燃腈纶毯、国产阻燃黏胶与聚酰亚胺纤维混纺阻燃毯四种纺织品在同等条件下进行燃烧试验，燃烧时间 2.8 s 时国产阻燃腈纶毯被烧穿；燃烧 8 s 后前三种阻燃织物均被烧穿；再继续烧灼到 18.2 s 后，由阻燃黏胶和聚酰亚胺纤维混纺的织物仍没有燃烧，而只是保留了烧灼痕迹，如图 10–3 所示。从左到右依次是国产阻燃腈纶毯、

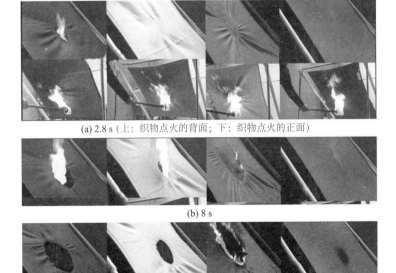

(a) 2.8 s（上：织物点火的背面；下：织物点火的正面）

(b) 8 s

(c) 18.2 s

图 10–3 几种阻燃织物不同燃烧时间下的燃烧试验

国产阻燃涤纶毯、进口阻燃腈纶毯、国产阻燃黏胶与国产聚酰亚胺混纺阻燃毯（感谢毕慎平先生提供视频资料）。

　　将阻燃锦纶、阻燃黏胶和聚酰亚胺纤维混纺，得到的织物的阻燃效果非常好，见表10-3，尤其在抗熔滴方面，聚酰亚胺纤维的作用是无法取代的。从这些直观的试验结果可见，聚酰亚胺纤维具有优越的阻燃特性，在特种服装及防护领域具有重要的应用前景。

表 10-3　聚酰亚胺纤维与阻燃锦纶／阻燃黏胶织物的阻燃特性

| 阻燃锦纶（份数） | 阻燃黏胶（份数） | PI 纤维 | 阻燃效果（符合阻燃工装要求） | 有无融滴 |
|:---:|:---:|:---:|:---:|:---:|
| 4 | 3 | 3 | 通过 | 无 |
| 3 | 4 | 3 | 通过 | 无 |
| 3 | 3 | 4 | 通过 | 无 |
| 3 | 2 | 5 | 通过 | 无 |
| 5 | 0 | 5 | 通过 | 无 |
| 6 | 0 | 4 | 通过 | 无 |
| 7 | 0 | 3 | 未通过 | 无 |

（资料来源：付常俊博士）

　　目前，聚酰亚胺纤维已经在部分特殊领域得到应用，抓绒衣已经列装森林武警部队；通过原液染色可得到黑色的聚酰亚胺纤维，制备成头套，列装特警部队；与其他阻燃纤维混纺，研发的消防毯等也已得到应用（图10-4）。

(a) 抓绒衣　　　　　　(b) 头套　　　　　　(c) 消防毯

图 10-4　森林武警部队列装的用聚酰亚胺纤维生产的抓绒衣及特警部队列装的聚酰亚胺纤维头套、消防毯

## 10.3　航空航天等领域

聚酰亚胺纤维是与国民经济持续发展和国防安全密切相关的关键材料，是新一代战斗机等先进武器装备以及发展新型卫星、飞船等国防高技术必不可少的原材料。聚酰亚胺纤维具有超高强度、高模量、耐高温、耐酸碱、质量轻等优良性能，其强度是钢的 5 ~ 6 倍，模量是钢丝或玻璃纤维的 2 ~ 3 倍，韧性是钢丝的 2 倍，而密度仅为钢丝的 1/5 左右，密度比碳纤维低 15% ~ 20%，耐热稳定性超过 350 ℃，是目前已经工业化的高分子材料中耐热氧化性最高的品种之一，掌握这类纤维的生产技术对国家安全和经济发展至关重要。

在国防和航天工业领域，高性能聚酰亚胺纤维可用于制造固体火箭发动机壳体，制造先进战斗机、运输机和航天器的机身、主翼、后翼等部件，可在地面武器系统、舰船、海陆空战斗武器减重等军控领域发挥重要作用。俄罗斯国利尔索特公司采用聚酰亚胺纤维与镀锡铜扁线混编，制备了轻质耐热电缆屏蔽护套，并将其成功应用于苏—系列战机和图—系列机型。据报道，将这种混编的屏蔽护套全部替代传统的多层屏蔽护套应用于苏—27 和苏—30 战机时，整机可以减重 500 kg，应用于图—154 飞机，可以减重 1500 kg。

复合材料是高强高模型纤维的重要应用领域，而复合材料中的增强体与基体的界面相互作用对于复合材料的综合性能及服役行为起到至关重要的作用。图 10-5 给出了对位芳纶、杂环芳纶及高强型聚酰亚胺纤维分别与环氧树脂进行复合，通过微脱粘实验计算得到的界面剪切强度的数据，很明显，

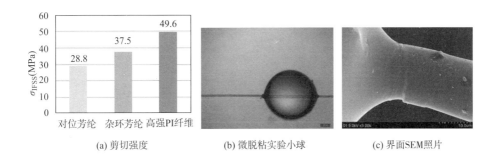

(a) 剪切强度　　　　(b) 微脱粘实验小球　　　　(c) 界面SEM照片

图 10-5　高性能纤维 / 环氧树脂复合材料界面剪切强度、聚酰亚胺纤维与环氧树脂微脱粘实验的小球及界面处的 SEM 照片

聚酰亚胺纤维 / 环氧树脂复合材料的界面剪切强度高达 49.6 MPa，与对位芳纶 / 环氧树脂界面（28.8 MPa）和杂环芳纶 / 环氧树脂界面（37.5 MPa）形成鲜明对比。如图 10-5（c）所示的 SEM 照片更清晰显示了聚酰亚胺纤维与环氧树脂具有很好的界面相互作用。

要强调的是，广泛用作先进复合材料基体树脂的聚酰亚胺与该纤维增强体无疑均具有很好的界面亲和性，可进一步提升空间飞行器的服役能力。

在当前国家安全形势日益严峻、科技发展日新月异的国际形势下，平流层飞艇和对流层飞艇在国家安全战略、社会发展、国民经济建设等多个层面起到至关重要的作用。飞艇关键技术涉及材料、控制、能源等多个学科，其中，作为艇囊主体结构的蒙皮材料开发是建设临近空间平流层飞艇平台的基础，也是当前的研发重点和难点。飞艇蒙皮材料结构复杂，主要由耐候层、阻氦层、承重层、粘接层等多层材料组成，其结构如图 10-6 所示。其中，作为主结构的承力层几乎承受蒙皮材料的全部强力，是决定飞艇蒙皮服役性能的关键。飞艇蒙皮的承力层多采用轻量化、高强度、高模量、易弯折的高性能纤维编织而成。高性能聚酰亚胺纤维的耐紫外辐照稳定性、力学性能等特性非常突出，在平流层飞艇蒙皮材料领域必将发挥重要作用。

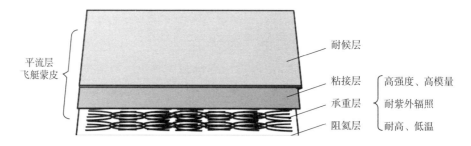

图 10-6　平流层飞艇蒙皮结构示意图

聚酰亚胺纤维与其他高性能纤维相比，具有高热稳定性和弹性模量、耐辐射、极低吸水率和质量轻等优点，在核能工业、国防军工、航空航天、空间环境等领域具有良好的应用前景。此外，由聚酰亚胺纤维制成的特种纸，其综合性能优于芳纶纸，可用于绝缘等级为 H 级、C 级的电动机和干式变压器。由聚酰亚胺纤维纸制备的蜂窝结构材料可应用于轻质雷达防护罩、机舱和航空航天轻质板材等（图 10-7）。

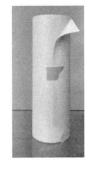

(a) 耐高温滚筒　　　　　　　　(b) PI/芳纶浆粕复合纸

图 10-7　聚酰亚胺短纤维制备的耐高温滚筒和聚酰亚胺短切纤维 / 芳纶浆粕复合纸

## 10.4　发展趋势

正如第 1 章所提到的，聚酰亚胺自 20 世纪 50 ~ 60 年代被合成后，由于其优越的综合性能，研究人员就一直尝试研制聚酰亚胺纤维；尤其是 80 ~ 90 年代，以美国、日本、苏联为代表的聚酰亚胺及其纤维研究工作取得了重要突破，出现了大量论文和专利，也公开出版了几本相关著作，但真正意义的聚酰亚胺纤维（如 PMDA—ODA 结构）的规模化生产一直没有得到很好的解决，其主要原因可能是三个方面：一是当时的设备、控制及纺丝技术尚不能满足聚酰亚胺纤维的稳定生产需要；二是生产聚酰亚胺纤维所需的单体等原材料价格高、生产工艺复杂，导致纤维的成本较高；三是杜邦公司推出了 Nomex 和 Kevlar 纤维，制备工艺相对简单，成本相对较低，其性能基本满足当时的需要。

随着高性能聚合物合成技术和纺丝装备的快速进步，尤其是工业和国防领域对极端环境用材料的迫切需求，我国的聚酰亚胺纤维的研究和工程化得到了快速发展。目前，国内实现聚酰亚胺纤维工业化生产的厂家主要包括江苏奥神新材料股份有限公司、长春高琦聚酰亚胺材料有限公司和常州先诺新材料科技有限公司。其中，江苏奥神新材料有限公司与东华大学合作，开发了干法纺聚酰亚胺纤维制备新技术，并建成国际上首条干法纺年产 1000 t 聚酰亚胺纤维生产线，目前已进入规模化生产阶段，相关技术已达到国际先进水平，其中"反应纺丝"技术更是一项开创性工作，形成了商品牌号为甲纶 Suplon® 的聚酰亚胺长丝、短丝、短切纤维及色丝等差别化和系列化产品，目前产能已达 2000 t/ 年。长春高琦聚酰亚胺材料有限公司主要以中科院长春应用化学研究所开发的湿法纺丝技术路线生产聚酰亚胺纤维，开发出商品牌号为轶纶®的聚酰亚胺长丝、短丝和短切纤维等系列化产品，产能为 1000 t/ 年。常州先诺新材料科技有限公司以北京化工大学开发的湿法纺丝路线生产聚酰亚胺纤维，目前也形成了年产 30 t 聚酰亚胺纤维生产线。

尽管近年来我国实现了聚酰亚胺纤维规模化生产，并在高温过滤、特种防护、航空航天等领域得到初步的应用，但作为一种新型的高性能纤维，尚有很多工程化技术需要突破和细化，纤维的应用领域尚需拓展，主要表现在以下几方面。

**1. 产品的系列化需要发展**

根据前期的应用情况，结合聚酰亚胺纤维的特性，在强度、细度（纤度）、耐热性等方面形成系列化产品，以满足不同的市场需求。

**2. 纤维生产成本尚需降低**

聚酰亚胺纤维目前的生产成本较高，与其他高性能纤维相比，竞争优势还不够明显，在国家大力提倡环保和低能耗的大背景下，聚酰亚胺纤维的低成本制备技术显得尤为重要。通过技术的改进和产能的提高，大幅降低聚酰亚胺纤维生产成本，在形成系列产品的基础上，拓展特种防护等领域的应用。

**3. 高强高模纤维研究有待加强**

提升并稳定高强高模聚酰亚胺纤维的性能，使纤维的断裂强度稳定在 3.5 GPa、4 GPa 甚至更高，模量稳定在 120 GPa 以上，加强聚酰亚胺纤维与基体树脂的界面研究，推动该纤维在高性能复合材料领域的广泛应用。

**4. 功能性纤维研发有待开展**

耐高温、耐辐照、高强高模等是聚酰亚胺纤维的固有特性，进一步开发耐原子氧的刻蚀、导电、低介电、高介电等特性的功能性聚酰亚胺纤维，丰富纤维新品种，是利用该纤维的特长、拓宽该纤维应用的另一途径。

**5. 应用领域有待拓展**

由于我国的聚酰亚胺纤维产业与国外基本同步，部分产品的技术含量超过国外的产品，在市场应用开发方面面临很大压力。改革开放以来，我国一直跟着国外技术，在市场的开发方面也是按照国外的步伐，做到高"性价比"，以此提升国际竞争力。但对于新产品、新技术，在应用开发领域还需花大力气。

# 参考文献

［1］邓洪，严荣楼，徐涛，等. 新型玻纤 /P84 复合针刺毡的开发及应用［J］. 中国环保产业，2009，（5）: 35-37.

［2］陆银权，陆卫祥，吴春峰，等. 聚酰亚胺面层耐高温渗膜复合过滤毡：中国，200720075013［P］. 2008-09-17.

［3］刘书平. 聚酰亚胺与聚四氟乙烯纤维复合耐高温针刺过滤毡：中国，201257338［P］. 2009-06-17.

# 附录

英文缩写与中文全称对照

| 英文缩写 | 中文全称对照 |
|---|---|
| 6FDA | 六氟二酐 |
| AAQ | 2-（4-氨基苯基）-6-氨基-4（3H）-喹唑啉酮 |
| AN | 乙腈 |
| APB | 1,3-双（3-氨基苯氧基）苯 |
| BAPP | 2,2-双［4-（4-氨基苯氧基）苯基］丙烷 |
| BIA | 2-（4-氨基苯基）-5-氨基苯并咪唑 |
| BOA | 2-（4-氨基苯基）-5-氨基苯并噁唑 |
| BPADA | 2,2-双［4-（3,4-二羧基苯氧基）苯基］丙烷二酐 |
| BPDA | 3,3',4,4'-联苯四酸二酐 |
| BTC | 1,3,5-苯三羰基三氯化物 |
| BTDA | 二苯酮四酸二酐 |
| BZ | 联苯二胺 |
| DABA | 3,5-二氨基苯甲酸 |
| DABP | 二氨基二苯甲酮 |
| DABPS | 4,4'-二氨基二苯硫醚 |
| DAM | 2,4,6-三甲基间苯二胺 |
| DDBT | 二甲基-5,5-3,7-二苯并噻吩二胺 |
| DDS | 4,4'-二氨基二苯砜 |
| DDSQ | 3,13-双氨苯基乙烯基二甲基六苯基双层硅烷 |
| DEsDA | 对-亚苯基-双苯偏三酸酯二酐 |
| DETDA | 二乙基甲苯二胺 |
| DIC | *N*,*N*'-二异丙基碳二亚胺 |
| DMAc | *N*,*N*-二甲基乙酰胺 |

| 英文缩写 | 中文全称对照 |
|---|---|
| DMB | 2,2'- 二甲基 -4,4'- 联苯二胺 |
| DMBZ | 2,2'- 二甲基联苯胺 |
| DMF | *N,N*- 二甲基甲酰胺 |
| DMSO | 二甲基亚砜 |
| DPE | 二季戊四醇 |
| DSDA | 3,3',4,4'- 二苯砜四羧酸二酐 |
| EG | 乙二醇 |
| GO | 氧化石墨烯 |
| HBPSi | 超支化聚硅氧烷 |
| HFBAPP | 2,2- 双［4-（4- 氨基苯氧基）苯基］六氟丙烷 |
| HQDPA | 三苯双醚二酐 |
| IPA | 异丙醇 |
| MDA | 4,4'- 二氨基二苯甲烷 |
| MDI | 二苯甲烷二异氰酸酯 |
| m-PDA | 间苯二胺 |
| NDA | 1,5- 二氨基萘 |
| NMP | *N*- 甲基吡咯烷酮 |
| OAPS | 八（氨基苯基）笼形聚倍半硅氧烷 |
| ODA | 4,4'- 二氨基二苯醚 |
| ODPA | 3,3',4,4'- 二苯醚四甲酸二酐 |
| ODPA | 4,4'- 联苯醚二酐 |
| OTOL | 3,3- 二甲基 -4,4,- 二氨基联苯 |
| PAA | 聚酰胺酸 |
| PAN | 聚丙烯腈 |
| PANI | 聚苯胺 |
| PBI | 聚苯并咪唑 |
| PBO | 聚苯并噁唑 |
| PBOA | 苯基取代苯并噁唑 |
| PBT | 聚苯并噻唑 |
| PDA（*p*-PDA） | 对苯二胺 |

| 英文缩写 | 中文全称对照 |
|---|---|
| PEEK | 聚醚醚酮 |
| PEI | 聚醚酰亚胺 |
| PES | 聚醚砜 |
| PFMB | 2,2'- 二（三氟甲基）-4,4'- 联苯二胺 |
| PI | 聚酰亚胺 |
| PIPD | 聚（2,5- 二羟基 -1,4- 苯撑吡啶并二咪唑） |
| PMDA | 均苯四甲酸酐 |
| PDMS | 聚二甲硅氧烷 |
| POSS | 笼形聚倍半硅氧烷 |
| PPA | 多聚磷酸 |
| PPO | 聚苯醚 |
| PPS | 聚苯硫醚 |
| PPTA | 聚对苯二甲酰对苯二胺 |
| PRM/2,5-PRM | 2,5- 双（4- 氨基苯基）- 嘧啶 |
| PSQ | 聚倍半硅氧烷 |
| PTFE | 聚四氟乙烯 |
| PVA | 聚乙烯醇 |
| SiDA | 双（4- 氨基苯氧基）二甲基硅烷 |
| TAB | 1,3,5- 三（4- 氨基苯氧基）苯 |
| TAPP | 四（4- 氨基苯基）卟啉 |
| TDI | 甲苯二异氰酸酯 |
| TDPA | 二苯硫醚四羧酸二酐 |
| TEOS | 四乙氧基硅烷 |
| TFMB | 2,2'- 双（三氟甲基）-4,4'- 二氨基联苯 |
| THF | 四氢呋喃 |
| UHMWPE | 超高分子量聚乙烯 |

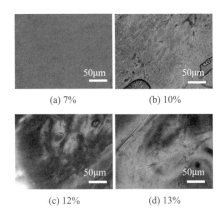

(a) 7%　　　　　　(b) 10%

(c) 12%　　　　　　(d) 13%

图 5-5

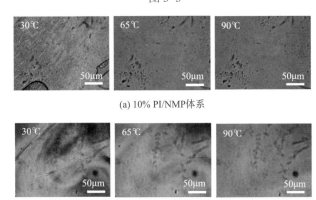

(a) 10% PI/NMP体系

(b) 13% PI/NMP体系

图 5-10

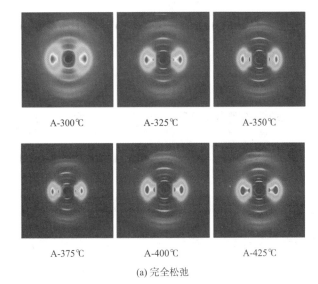

A-300℃　　　　A-325℃　　　　A-350℃

A-375℃　　　　A-400℃　　　　A-425℃

(a) 完全松弛

图 6-20

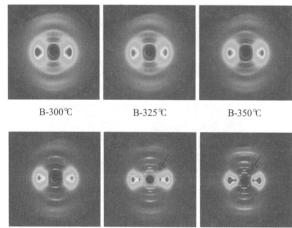

B-300℃          B-325℃          B-350℃

B-375℃          B-400℃          B-425℃

(b) 1MPa的外部张力

图 6-20

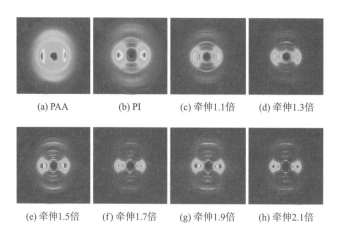

(a) PAA          (b) PI          (c) 牵伸1.1倍          (d) 牵伸1.3倍

(e) 牵伸1.5倍          (f) 牵伸1.7倍          (g) 牵伸1.9倍          (h) 牵伸2.1倍

图 6-23

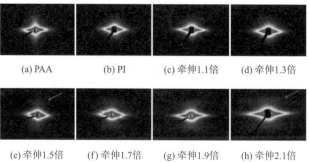

(a) PAA          (b) PI          (c) 牵伸1.1倍          (d) 牵伸1.3倍

(e) 牵伸1.5倍          (f) 牵伸1.7倍          (g) 牵伸1.9倍          (h) 牵伸2.1倍

图 6-24

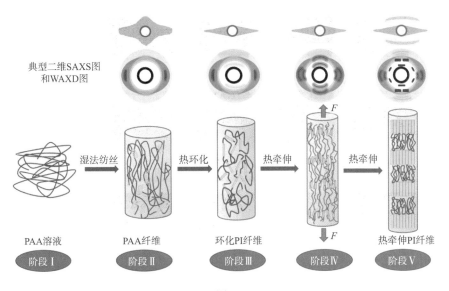

典型二维SAXS图
和WAXD图

PAA溶液　　湿法纺丝　　PAA纤维　　热环化　　环化PI纤维　　热牵伸　　热牵伸PI纤维

阶段 I　　阶段 II　　阶段 III　　阶段 IV　　阶段 V

图 6-25

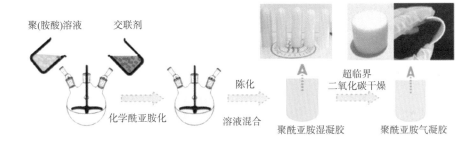

聚(胺酸)溶液　　交联剂

陈化

化学酰亚胺化　　溶液混合

超临界
二氧化碳干燥

聚酰亚胺湿凝胶　　聚酰亚胺气凝胶

图 7-5

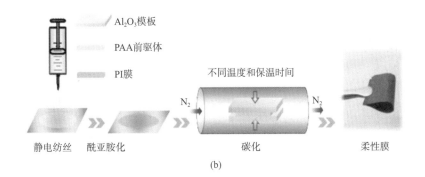

Al₂O₃模板

PAA前驱体

PI膜

不同温度和保温时间

N₂　　　　　　N₂

静电纺丝　　酰亚胺化　　碳化　　柔性膜

(b)

图 7-7

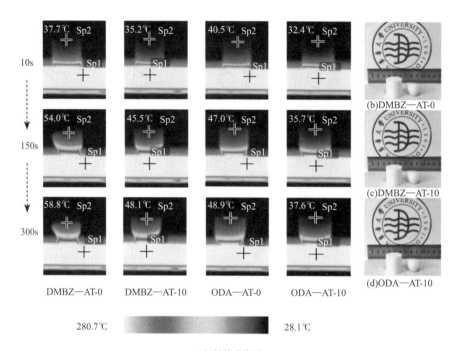

280.7℃         28.1℃

(a)红外热成像图

图 7-9

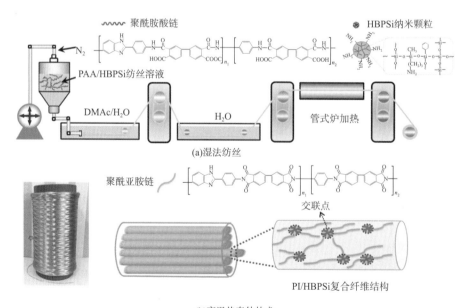

(a)湿法纺丝

(b)高温热牵伸技术

图 7-10